3ds Max 2016
艺术设计
精粹案例教程

王娟　李卓　曾勇 / 主编

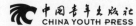
中国青年出版社
CHINA YOUTH PRESS

中青雄狮

图书在版编目（CIP）数据

中文版 3ds Max 2016 艺术设计精粹案例教程 / 王娟，李卓，曾勇主编 .
— 北京：中国青年出版社，2017.8
ISBN 978-7-5153-4787-5
I. ①中… II. ①王… ②李… ③曾… III. ①室内装饰设计 - 计算机辅助设计 - 三维动画软件 - 教材
IV. ①TU238-39
中国版本图书馆 CIP 数据核字（2017）第 132558 号

中文版3ds Max 2016艺术设计精粹案例教程

王娟　李卓　曾勇 / 主编

出版发行：中国青年出版社
地　　址：北京市东四十二条 21 号
邮政编码：100708
电　　话：（010）50856188 / 50856199
传　　真：（010）50856111
企　　划：北京中青雄狮数码传媒科技有限公司

策划编辑：张　鹏
责任编辑：张　军

印　　刷：北京文昌阁彩色印刷有限责任公司
开　　本：787×1092　　1/16
印　　张：12.5
版　　次：2017 年 8 月北京第 1 版
印　　次：2017 年 8 月第 1 次印刷
书　　号：ISBN 978-7-5153-4787-5
定　　价：59.90 元（附赠的海量实用资料，含语音视频教学与案例素材文件等）

本书如有印装质量等问题，请与本社联系　　电话：(010) 50856188 / 50856199
读者来信：reader@cypmedia.com　　投稿邮箱：author@cypmedia.com
如有其他问题请访问我们的网站：http://www.cypmedia.com

PREFACE
中文版
3ds Max 2016
艺术设计精粹案例教程
前　言

首先，感谢您选择并阅读本书。

3ds Max是一款功能强大的三维建模与动画设计软件，利用该软件不仅可以设计出绝大多数建筑模型，还可以很好地制作出具有仿真效果的图片和动画。目前，市场上与之相关的图书层出不穷，但由于受传统出版思路和教学方法的影响，相当一部分图书都存在理论讲解与实际应用无法完全融合的尴尬，这使得读者在学习过程中会感到知识的连贯性差，学习理论知识后，实际操作软件时会遇到不知如何下手的困惑。基于此，我们组织一批富有经验的一线教师和设计人员共同编写了本书，其目的是让读者所学即所用，以达到一定的职业技能水平。

本书以最新版的3ds Max 2016为写作基础，围绕室内效果图的制作展开介绍，以"理论＋实例"的形式对3ds Max 2016的操作知识和VRay渲染器的知识进行全面的阐述，书中更加突出强调知识点的实际应用性。书中每一张效果图的制作都给出了详细的操作步骤，同时还贯穿了作者在实际工作中得出的实战技巧和经验。正所谓要"授人以渔"，学习本书后读者不仅可以掌握这款三维建模软件，还能利用它独立完成建筑效果图的创作。

本书内容概述

章 节	内 容
Chapter 01	主要介绍了3ds Max 2016的应用领域、新增功能、工作界面以及效果图的制作流程
Chapter 02	主要介绍了3ds Max 2016的基本操作，包括文件操作、变换操作、复制操作、捕捉操作、隐藏操作、成组操作等
Chapter 03	主要介绍了基本体建模与扩展基本体建模的方法与技巧
Chapter 04	主要介绍了样条线的创建、复合对象的创建、修改器的应用以及可编辑对象等
Chapter 05	主要介绍了3ds Max摄影机和VRay摄影机的知识
Chapter 06	主要介绍了材质的基础知识、材质的类型、贴图以及VRay材质等内容
Chapter 07	主要介绍了灯光的种类、标准灯光的基本参数、光度学灯光的基本参数以及VRay灯光等知识
Chapter 08	主要介绍了VRay渲染器的基础知识及其应用方法
Chapter 09~12	以综合案例的形式依次介绍了卧室效果图、客厅效果图、餐厅效果图、商务办公楼效果图的制作方法与技巧

适用读者群体

本书既可作为了解3ds Max各项功能和最新特性的应用指南，又可作为提高用户设计和创新能力的指导。本书适用于以下读者：

- 室内效果图制作人员与学者；
- 室内效果设计人员；
- 室内装修、装饰设计人员；
- 效果图后期处理技术人员；
- 装饰装潢培训班学员与大中专院校相关专业师生。

赠送超值资料

为了帮助读者更加直观地学习本书，随书附赠的资料中包括如下学习资料：

- 书中全部实例的素材文件，方便读者高效学习；
- 书中课后练习文件，以帮助读者加强练习，真正做到熟能生巧；
- 语音教学视频，手把手教你学，扫除初学者对新软件的陌生感。

本书由艺术设计专业一线教师所编写，全书在介绍理论知识的过程中，不但穿插了大量的图片进行佐证，还以上机实训作为练习，从而加深读者的学习印象。由于编者能力有限，书中不足之处在所难免，敬请广大读者批评指正。

编 者

CONTENTS

中文版
3ds Max 2016
艺术设计精粹案例教程

目 录

Part 01 基础知识篇

Chapter **01** 3ds Max 2016 轻松入门

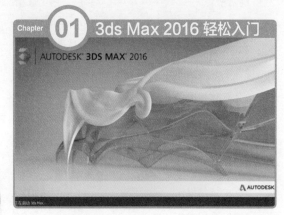

Chapter **02** 3ds Max 2016 基本操作

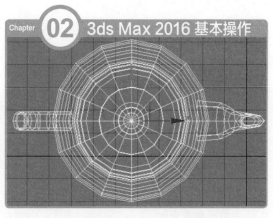

Chapter 03 基础建模技术

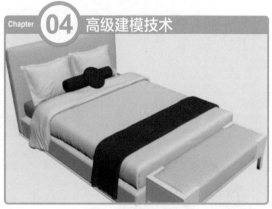

Chapter 04 高级建模技术

Chapter **05** 摄影机技术

Chapter **06** 材质与贴图

Chapter 07 灯光技术

Chapter 08 VRay 渲染器的应用

Part 02 综合案例篇

Chapter 09 卧室场景的表现

Chapter 10 客厅场景的表现

Chapter 11 餐厅场景的表现

Chapter 12 办公大厅场景的表现

更多实训案例内容 ● 加QQ群在群文件中获取：23616092、594621752

3ds Max游戏动画实训案例

01 归档场景

02 制作蚊香模型

03 制作石头模型

04 制作飘雪效果

3ds Max模型实训案例

01 制作单人沙发模型

02 制作书本模型

03 制作生锈的茶杯

04 制作景深效果

3ds Max室内外效果图表现实训案例

01 制作茶杯模型

02 制作藤艺灯饰模型

03 制作皮质材质

04 制作射灯照明效果

3ds Max材质贴图实训案例

01 制作发光灯具效果

02 制作抱枕材质效果

03 制作不锈钢材质

04 制作木地板材质

01

基础知识篇

前8章是基础知识篇，主要对3ds Max 2016各知识点的概念及应用进行详细介绍，熟练掌握这些理论知识，将为后期综合应用中大型案例的学习奠定良好的基础。

01　3ds Max 2016轻松入门

02　3ds Max 2016基本操作

03　基础建模技术

04　高级建模技术

05　摄影机技术

06　材质与贴图

07　灯光技术

08　VRay渲染器的应用

本章概述

在建筑与室内设计领域中，3ds Max可以说是功能最为强大的三维建模软件，同时，该软件还广泛应用于影视设计、工业设计、游戏设计、辅助教学以及工程可视化等领域。本章将对3ds Max 2016的工作界面、功能特性等知识进行讲解。

核心知识点

❶ 3ds Max 2016的应用领域
❷ 3ds Max 2016的新功能
❸ 3ds Max 2016的工作界面

1.1 初识3ds Max 2016

3ds Max是一款优秀的设计类软件，它是利用建立在算法基础之上并高于算法的可视化程序来生成三维模型的。与其他建模软件相比，3ds Max操作更加简单，更容易上手，因此受到了广大用户的青睐。

1.1.1 3ds Max发展简史

3ds Max全称为3D Studio Max，是Discreet公司开发的（后被Autodesk公司合并）基于PC系统的三维动画渲染和制作软件。其前身是基于DOS操作系统的3D Studio系列软件。在Windows NT出现以前，工业级的CG制作被SGI图形工作站所垄断。3D Studio Max + Windows NT组合的出现，瞬间降低了CG制作的门槛，首先开始运用在电脑游戏中的动画制作，之后更进一步开始参与影视片的特效制作。该软件建模功能强大，在角色动画方面具备很强的优势，另外丰富的插件也是其一大亮点。3ds Max可以说是最容易上手的3D软件，和其它相关软件配合流畅，做出来的效果非常逼真。

3ds Max的更新速度非常快，几乎是每年都准时推出一个新的版本。版本越高其功能就越强大，这使得3D创作者可以在更短的时间内创作出更高质量的3D作品。

目前，该软件的最新版本是3ds Max 2016，右图为启动界面。在后面的章节中，我们将对该版本的界面布局、基本操作等知识进行逐一介绍。

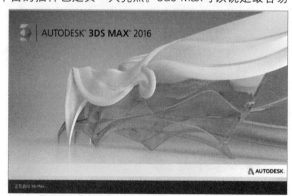

1.1.2 3ds Max应用领域

3ds Max是世界上应用最广泛的三维建模、动画、渲染软件，被广泛应用于建筑效果图设计、游戏开发、角色动画、电影电视视觉效果设计等领域。

（1）室内设计

利用3ds Max软件可以制作出各式各样的3D室内模型，例如家具模型、场景模型等，如下左图所示。

（2）游戏动画

随着设计与娱乐行业交互内容的强烈需求，3ds Max改变了原有的静帧或者动画方式，由此逐渐催生了虚拟现实这个行业。3ds Max能为游戏元素创建动画和动作，使这些游戏元素"活"起来，从而能够为玩家带来生气勃勃的视觉感官效果，如下右图所示。

（3）建筑动画

3ds Max建筑动画被广泛应用在各个领域，内容和表现形式也呈现出多样化，主要表现建筑的地理位置、外观、内部装修、园林景观、配套设施和其中的人物、动物以及自然现象，如风雨雷电、日出日落、阴晴圆缺等，将建筑和环境动态地展现在人们面前，如下左图所示。

（4）影视动画

影视动画是目前媒体中所能见到的最流行的画面形式之一。随着它的普及，3d Max在动画电影中得到广泛应用，3ds Max数字技术不可思议地扩展了电影的表现空间和表现能力，创造出人们闻所未闻、见所未见的视听奇观及虚拟现实效果。《阿凡达》、《诸神之战》等热门电影都引进了先进的3D技术，如下右图所示。

1.1.3 3ds Max 2016新功能

3ds Max 2016中纳入了一些全新的功能，让用户可以创建自定义工具并轻松共享工作成果，因此更有利于跨团队协作。此外，它还可以提高用户的工作效率，增强其自信心，可以更快速地开始项目，渲染也更顺利。下面来介绍其主要的新增功能和优势：

（1）版本统一

3ds Max和3ds Max Design合并为单一3ds Max，今后只有一个版本3ds Max，不会有Design与Max版本的差别，如右图所示。

（2）交互模式首选项

选择工作模式后，即会弹出"交互模式"对话框，在该对话框中用户可以选择鼠标和键盘快捷键行为时与早期版本的3ds Max相匹配，还是与Autodesk Maya相匹配。当用户使用此对话框更改交互模式时，其他面板上的设置也会随之更改，如下左图所示。

（3）新的设计工作区

3ds Max 2016推出了新的设计工作区，为3ds Max用户带来了更高效的工作流。设计工作区采用基于任务的逻辑系统，可以很方便地访问3ds Max中对象的放置、照明、渲染、建模和纹理工具。

（4）新的模板系统

新的按需模板为用户提供了标准化的启动配置，这有助于加速场景创建流程。用户还能够创建新模板或修改现有模板，并针对各个工作流自定义模板，如下右图所示。

（5）Max Creation Graph

3ds Max 2016具有一种基于节点的工具创建环境，即Max Creation Graph，用户可以在一个类似Slate材质编辑器的可视化环境中，用创建图形的方式，编辑新的几何对象和修改器。

（6）物理摄影机

新开发的物理摄影机，为美工人员提供了一些新的选项，可模拟用户熟悉的真实摄影机设置，例如快门速度、光圈、景深和曝光。借助增强的控件和额外的视口内反馈，新的物理摄影机让创建逼真的图像和动画变得更加容易。

1.2 3ds Max 2016工作界面

3ds Max 2016完成安装后，即可双击其桌面快捷方式启动该软件，其操作界面如下图所示。从图中可以看出，其工作界面包含标题栏、菜单栏、工具栏、工作视窗、命令面板、状态栏/提示栏等几个部分，下面将分别对其进行介绍。

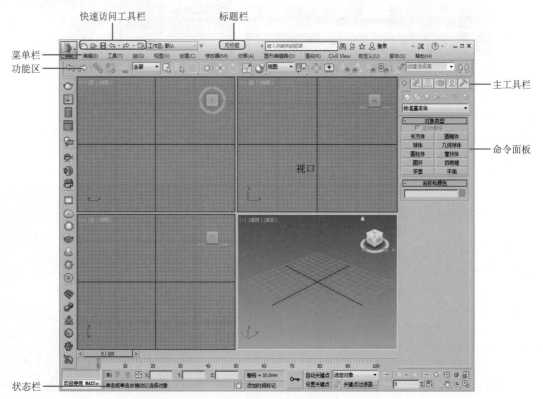

1.2.1 菜单栏

菜单栏位于标题栏的下方，为用户提供了几乎所有3ds Max操作命令。它的形状和Windows菜单相似，如下图所示。在3ds Max 2016中，菜单栏中共有14个菜单项，分别如下：

- **3ds Max应用程序**：用于文件的打开、存储、打印、输入和输出为其它三维存档格式，以及动画的摘要信息、参数变量等命令的应用。
- **编辑**：包含对象的拷贝、删除、选定、临时保存等功能。
- **工具**：包括常用的各种制作工具。
- **组**：用于将多个物体组为一个组，或分解一个组为多个物体。
- **视图**：用于对视图进行操作，但对对象不起作用。
- **创建**：创建物体、灯光、相机等。
- **修改器**：包含编辑修改物体或动画的命令。
- **动画**：包含用于动画控制的命令。
- **图形编辑器**：包含用于创建和编辑视图的命令。
- **渲染**：包含创建场景的灯光，材质和贴图等效果的命令。
- **Civil View**：该菜单中包含有利于提高工作效率的视口。比如，用户要制作一个人体动画，就可以在这个视口中很好地组织身体的各个部分，轻松选择其中一部分进行修改。如果读者选择专门介绍3ds Max动画制作的书籍学习，就可以详细地学习到它。
- **自定义**：该菜单栏可以方便用户按照自己的爱好设置工作界面，可以将3ds Max 2016的工具栏、菜单栏和命令面板放置在任意的位置。如果用户厌烦了以前的工作界面，可以自己定制一个工作界面并保存起来，软件下次启动时就会自动加载。
- **脚本**：该菜单中包含有关编程的命令，可以将编好的程序放入3ds Max中来运行。
- **帮助**：该菜单中包含关于软件的帮助文件，包括在线帮助，插件信息等。

关于上述菜单的具体使用方法，我们将在后续章节中进行逐一的详细介绍。

1.2.2 主工具栏

主工具栏位于菜单栏的下方，它集合了3ds Max中比较常见的工具，如下图所示。该工具栏中各工具的具体含义介绍，如下表所示。

表 常见工具介绍

序号	图标	名称	含义
01		选择与链接	用于将不同的物体进行链接
02		断开当前选择并链接	用于将链接的物体断开
03		绑定到空间扭曲	用于粒子系统上，把场用空间绑定绑到粒子上，这样才能产生作用
04		选择工具	只能对场景中的物体进行选择使用，无法对物体进行操作
05		按名称选择	单击后弹出操作窗口，在其中输入名称可以容易地找到相应的物体，方便操作
06		选择区域	一种选择类型，按住鼠标左键拖动来进行矩形选择
07		窗口/交叉	设置选择物体时的选择类型方式
08		选择并移动	选择物体并进行移动操作

序　号	图　标	名　　称	含　　义
09		选择并旋转	单击旋转工具后，用户可以对选择的物体进行旋转操作
10		选择并均匀缩放	用户可以对选择的物体进行等比例缩放操作
11		选择并放置	将对象准确地定位到另一个对象的曲面上，随时可以使用，不仅限于在创建对象时
12		使用轴心对称	选择了多个物体时，可以通过此命令来设定轴中心点坐标的类型
13		选择并操纵	针对用户设置的特殊参数（如滑竿等参数）进行操纵使用
14		捕捉开关	可以使用用户在操作时进行捕捉、创建或修改
15		角度捕捉切换	确定多数功能的增量旋转，设置的增量围绕指定轴旋转
16		百分比捕捉切换	通过指定百分比增加对象的缩放
17		微调捕捉切换	设置3ds Max 2016中所有微调器单次单击增加减少的值
18		编辑命名选择集	单击该按钮后，在弹出的对话框中，可以直接从视口创建命名、选择集或选择要添加到选择集的对象
19		镜像	可以对选择的物体进行镜像操作，如复制、关联复制等
20		对齐	方便用户对物体进行对齐操作
21		层管理器	对场景中的物体进行分类，即将物体放在不同的层中进行操作，以便用户管理
22		切换功能区	Graphite建模工具
23		曲线编辑器	用户对动画信息最直接的操作编辑窗口，在其中可以调节动画的运动方式或编辑动画的起始时间等
24		图解视图	设置场景中元素的显示方式等
25		材质编辑器	可以对物体进行材质的赋予和编辑
26		渲染设置	调节渲染参数
27		渲染帧窗口	单击后可以对渲染进行设置
28		渲染产品	制作完毕后可以使用该命令渲染输出，查看效果

1.2.3　命令面板

命令面板位于工作视窗的右侧，包括创建面板、修改面板、层次命令面板、运动命令面板、显示命令面板和实用程序面板，通过这些面板可访问绝大部分的建模和动画命令。

- **创建命令面板**：创建命令面板提供用于创建对象的功能命令，这是在3ds Max中构建新场景的第一步。创建命令面板将所创建对象分为7个类别，包括几何形、图形、灯光、摄像机、辅助对象、空间扭曲和系统。
- **修改命令面板**：通过创建命令面板创建对象的同时，系统会为每一个对象指定一组创建参数，用户可以根据需要在修改命令面板中更改这些参数。
- **层次命令面板**：通过层次命令面板，用户可以访问用来调整对象间链接的工具。通过将一个对象与另一个对象相链接，可以将创建的父子关系应用到父对象的变换同时传达给子对象。通过将多个对象同时链接到父对象和子对象，可以创建复杂的层次。
- **运行命令面板**：运行命令面板提供用于设置各个对象的运动方式和轨迹，以及高级动画设置。
- **显示命令面板**：是控制对象显示方式的工具，用于隐藏和取消隐藏、冻结和解冻对象、改变对象显示特性、加速视口显示及简化建模步骤等。

● **实用程序命令面板** ：通过实用程序命令面板可以访问3ds Max设定的各种小型程序，并可以编辑各个插件，它是3ds Max系统与用户之间对话的桥梁。

创建命令面板　　修改命令面板　　层次命令面板　　运行命令面板　　显示命令面板　　实用程序面板

1.2.4　视口

　　3ds Max用户界面的最大区域被分割成四个相等的矩形区域，称之为视口（Viewports）或者视图（Views）。

（1）视口的组成

　　视口是主要工作区域，每个视口的左上角都有一个标签，启动3ds Max后，默认四个视口的标签是Top（顶视口）、Front（前视口）、Left（左视口）和Perspective（透视视口）。

　　每个视口都包含垂直和水平线，这些线组成了3ds Max的主栅格。主栅格包含黑色垂直线和黑色水平线，这两条线在三维空间的中心相交，交点的坐标是X=0、Y=0和Z=0。其余栅格都为灰色显示。

　　顶视口、前视口和左视口显示的场景没有透视效果，这就意味着在这些视口中同一方向的栅格线总是平行的，不能相交，如右图所示。透视口类似于人的眼睛和摄像机观察时看到的效果，视口中的栅格线是可以相交的。

（2）视口的改变

　　默认情况下视口由4部分组成。当我们按下改变窗口的快捷按钮时，所对应的窗口就会变为想要改变的视图，例如，当我们用鼠标激活一个视图窗口，按下B键，这个视图就变为底视图，观察物体的底面。用鼠标单击一个视口，然后按以下对应的快捷键，来改变视口的显示方式。

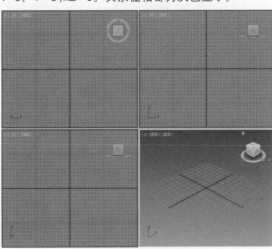

　　● T键=顶视图（Top）

　　● B键=底视图（Botton）

　　● L键=左视图（Left）

- R键=右视图（Right）
- U键=用户视图（User）
- F键=前视图（Front）
- K键=后视图（Back）
- C键=摄像机视图（Camera）
- Shift键加$键=灯光视图
- W键=满屏视图

用户也可以在每个视图左上面那行英文上单击鼠标右键，将会弹出一个命令栏，在那儿也可以更改视图显示方式。

<table>
<tr><td>提示</td><td>恢复原始界面设计</td></tr>
</table>

如果界面被用户调整的面目全非，此时不要紧，只需选择菜单栏上的"自定义>选择自定义界面"命令，在出现的选择框里选择还原为启动布局文件，它是3ds Max启动时的默认界面，即可恢复原始的界画。

1.2.5　状态栏和提示行

提示行和状态行分别用于显示关于场景和活动命令的提示和信息，也包含控制选择和精度的系统切换以及显示属性。

提示行和状态行可以细分成：动画控制栏、时间滑块/关键帧状态、状态显示、位置显示栏、视口导航栏，如下图所示。

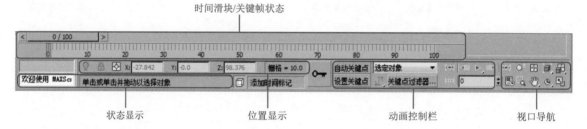

各个部分的作用介绍如下：

- 时间滑块/关键帧状态和动画控制栏：用于制作动画的基本设置和操作工具。
- 位置显示用于显示坐标参数等基本数据。
- 视口导航栏：默认包含4个视图，是实现图形、图像可视化的工作区域，其中各功能介绍如下表所示。

表　视口导航介绍

序 号	图 标	名 称	用 途
01		缩放视口	当在"透视图"或"正交"视口中进行拖动时，单击"缩放"按钮可调整视口放大值
02		缩放所有视口	在四个视图的任意一个窗口中，按住鼠标左键拖动可以看四个视图同时缩放
03		最大化显示	在编辑时可能会有很多物体，当用户要对单个物体进行观察操作时，可以使用此命令最大化显示对象
04		所有视口最大化显示	选择物体后单击，可以看到4个视图同时放大显示的效果
05		视野	调整视口中可见场景数量和透视张量
06		平移视口	沿着平行于视口的方向移动摄像机
07		弧形旋转	使用视口中心作为旋转的中心，如果对象靠近视口边缘，则可能会旋转出视口
08		最大化视口切换	可在其正常大小和全屏大小之间进行切换

知识延伸：效果图制作流程

经过长时间的发展，效果图制作行业已经发展到一个非常成熟的阶段，无论是室内效果图还是室外效果图都有了一个模式化的操作流程，这也是能够细分出专业的建模师、渲染师、灯光师、后期制作师等岗位的原因之一。对于每一个效果图制作人员而言，正确的流程能够保证效果图的制作效率和质量。

要想做一套完整的效果图，需要结合多种不同的软件和清晰的制图步骤，下面将介绍效果图制作的过程。

效果图制作详细流程通常分为6步：

步骤 01 3ds Max基础建模，利用CAD图和3ds Max的命令，创建出符合要求的空间模型；

步骤 02 在场景中创建摄像机，确定合适的角度；

步骤 03 设置场景光源；

步骤 04 给场景中各模型指定材质；

步骤 05 调整渲染参数，渲染出图；

步骤 06 在Photoshop中对图片进行后期的加工和处理，使效果图更加完善。

上机实训：自定义用户界面

3ds Max 2016默认界面的颜色是黑色，但是大多数用户习惯用浅色的界面，下面将介绍界面颜色的设置操作，具体步骤如下：

步骤 01 启动3ds Max 2016应用程序，执行"自定义>自定义用户界面"命令，如右图所示。

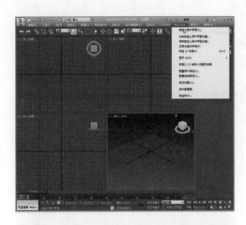

步骤 02 打开"自定义用户界面"对话框，如右图所示。

步骤 03 切换到"颜色"选项卡，在"视口"元素列表中选择"视口背景"选项，再设置右侧的"主题"类型为"亮"，如下图所示。

步骤 04 单击对话框下方的"立即应用颜色"按钮，可以看到工作界面发生了变化，如下图所示。

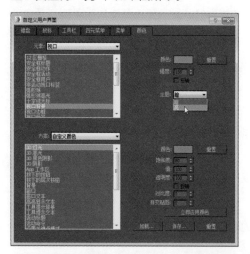

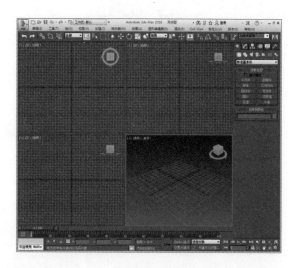

按照上述介绍的操作方法，用户还可以对软件的背景、窗口文本、冻结等颜色进行调整，这里将不再赘述，大家可以自行体验。

如果用户想将整个工作界面的颜色统一改变，可以按照以下操作：

步骤 01 打开"自定义用户界面"对话框后，切换到"颜色"选项卡，单击下方的"加载"按钮，打开"加载颜色文件"对话框，找到3ds Max 2016安装文件下的UI文件夹，从中选择ame-light.clrx文件，单击"打开"按钮，如下图所示。

步骤 02 返回到工作界面，即可发现整个工作界面的颜色都发生了变化，如下图所示。

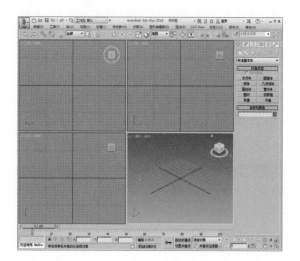

课后练习

1. 选择题

(1) 3ds Max默认的界面设置文件是_____。
   A. Default.ui   B. DefaultUI.ui   C. 1.ui   D. 以上说法都不正确

(2) 3ds Max软件由下面_____子公司设计完成。
   A. Discreet   B. Adobe   C. Microsoft   D. Apple

(3) 3ds Max文件保存命令可以保存的文件类型是_____。
   A. MAX   B. DXF   C. DWG   D. 3DS

(4) 在3ds Max中，可以用来切换各个模块的区域是_____。
   A. 视图   B. 工具栏   C. 命令面板   D. 标题栏

(5) 3ds Max大部分命令都集中在_____中。
   A. 标题栏   B. 主菜单   C. 工具栏   D. 视图

2. 填空题

(1) 3ds Max提供了三种复制方式，分别是_____，_____，_____。

(2) 变换线框使用不同的颜色代表不同的坐标轴：红色代表_____轴、绿色代表_____轴、蓝色代表_____轴。

(3) 3ds Max的三大要素是_____、_____、_____。

(4) 在3ds Max中，不管使用何种规格输出，该宽度和高度的尺寸单位为_____。

(5) 在默认状态下，主工具栏一般位于菜单栏的_____。

3. 操作题

根据本章所讲知识，调整视口背景和活动视口边框颜色，如下图所示。

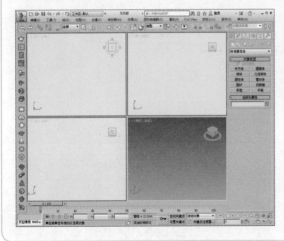 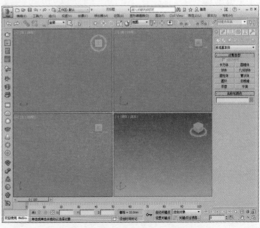

Chapter 02 3ds Max 2016基本操作

本章概述

对于刚刚开始学习3ds Max的读者来说，掌握其基本操作是重中之重。本章将对3ds Max 2016的视口布局、文件的常规操作、对象的基本操作等内容进行介绍。通过对本章的学习，用户可以掌握对场景和对象的基本操作。

核心知识点

❶ 工作界面的个性化设置
❷ 文件的基本操作
❸ 对象的基本操作

2.1 个性化工作界面

本节将对如何自定义视口布局和视口的显示模式进行详细介绍，从而使用户能够根据自己的操作习惯设置个性化的操作界面。

2.1.1 视口布局设置

执行"视图>视口配置"命令，打开"视口配置"对话框，切换至"布局"选项卡，从中指定视口的划分方式，并向每个视口分配特定类型的视口，如右图所示。

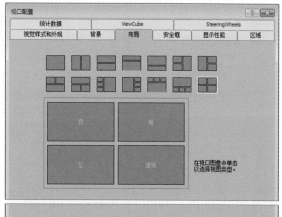

在"布局"选项卡中的上方显示区域，罗列出了视口布局图标，下方显示的是当前所选布局样式的预览效果。选定布局样式后，若需指定特定视口，则只要在布局样式区域中单击，从弹出的菜单中选择视口类型即可。下图是默认视口布局以外的其他两种布局样式。

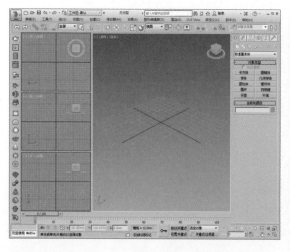

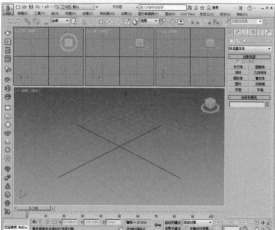

2.1.2　视口显示模式设置

　　执行"视图>视口配置"命令，打开"视口配置"对话框，然后切换到"视觉样式和外观"选项卡，从中即可设置当前视口或所有视口的渲染方式，如右图所示。下面将对其中的选项进行介绍。

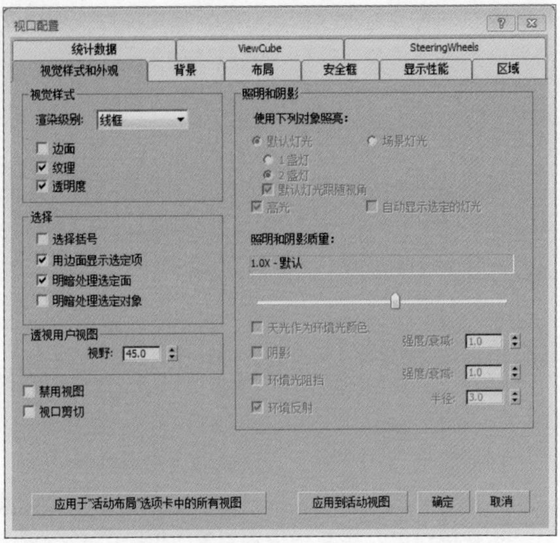

- **渲染级别**：在该选项的下拉菜单中包含15种不同的着色渲染对象的方式，包括"真实"、"明暗处理"、"面"、"隐藏线"、"线框"、"边界框"等。

- **边面**：只有在当前视口处于着色模式时，才可以使用该复选框。在着色模式下勾选"边面"复选框后，将沿着着色曲面出现对象的线框边缘。这对于在着色显示中编辑网格非常有用。按F4快捷键可切换"边面"显示。

- **纹理**：勾选该复选框，使用像素插值重画视口。当由于一些原因，要强制视口进行重画之前，重画的图像将保持不变。仅当对视口进行着色，且至少显示一个对象贴图时，此复选框才生效。

- **透明度**：勾选该复选框，已指定透明度的对象使用双通道透明效果进行显示。

- **用边面显示选定项**：当视口处于着色模式时（如"真实"、"面"选项），切换选定对象高亮显示边的显示。在这些模式下勾选该复选框，将沿着着色曲面出现选定对象的线框边缘，对于选择小对象或多个对象时非常有用。

- **明暗处理选定面**：勾选该复选框，选定的面接口会显示为红色的半透明状态，这使得在明暗处理视口中更容易地看到选定面，其快捷键为F2。

- **明暗处理选定对象**：勾选该复选框，选定的对象会显示为红色的半透明状态，在明暗处理视口中更容易看到选定对象。

- **视野**：用于设置透视视口的视野角度。当其他任何视口类型处于活动状态时，此参数不可用。可以在修改命令面板中调整摄影机视野。

- **禁用视图**：禁用"应用于"视口选择。禁用视口的行为与其他任何处于活动状态的视口一样。然而，当更改另一个视口中的场景时，在下次激活"禁用视口"之前不会更改其中的视口。使用此功能可以在处理复杂几何体时加速屏幕重画速度。

- **视口剪切**：勾选该复选框，交互设置视口显示近距离范围和远距离范围。位于视口边缘的两个箭头用于决定剪切发生的位置。标记与视口的范围相对应，下标记是近距离剪切平面，而上标记设置远距离剪切平面。这并不影响渲染到输出，只影响视口显示。

- **默认灯光**：选择该单选按钮，可使用默认照明。禁用此选项可使用在场景中创建的照明。

- **场景灯光**：选择该单选按钮，场景中有照明，则不会自动使用默认照明而使用在场景中创建的照明。

提示 渲染级别中主要选项含义介绍

- 真实：选择该选项，使用真实平滑着色渲染对象，并显示反射、高光和阴影。
- 明暗处理：选择该选项，只有高光和反射。
- 面：选择该选项，将多边形作为平面进行渲染，但是不使用平滑或高亮显示进行着色。
- 隐藏线：选择该选项，线框模式隐藏法线指向偏离视口的面和顶点，以及被附近对象模糊的对象的任一部分。在这一模式下，线框颜色由"视口>隐藏线未选定颜色"命令决定，而不是对象或材质颜色。
- 线框：选择该选项，将对象绘制作为线框，并不应用着色。按F3快捷键可以在"线框"和"真实"选项间快速切换。
- 边界框：选择该选项，将对象绘制作为边界框，并不应用着色。边界框的定义是将对象完全封闭的最小框。

2.2　基本操作

本节主要介绍3d Max 2016的基本操作，例如文件的打开、重置、保存等，以及对象的变换、复制、捕捉、对齐、镜像、隐藏、冻结成组等。

2.2.1　文件操作

为了更好地掌握并应用3ds Max 2016，在此将首先介绍关于文件的操作方法。在3ds Max 2016中，关于文件的基本操作命令都集中3ds Max应用程序菜单中，如右图所示。

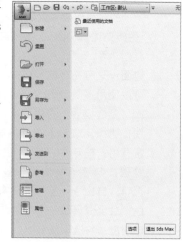

1. 新建文件

执行"3ds Max应用程序▓>新建"命令，在其右侧区域中将出现3种文件新建方式，现分别介绍如下：

- **新建全部**：该命令可以清除当前场景的内容，保留系统设置，如视口配置、捕捉设置、材质编辑器、背景图像等。
- **保留对象**：用新场景刷新3d Max，并保留进程设置及对象。
- **保留对象和层次**：用新场景刷新3d Max，并保留进程设置、对象及层次。

2. 重置文件

执行"3ds Max应用程序▓>重置"命令，重置场景。使用"重置"命令可以清除所有数据并重置程序设置（如视口配置、捕捉设置、材质编辑器、背景图像等）。"重置"命令可以还原默认设置，并且可以移除当前会话期间所做的任何自定义设置。使用"重置"命令与退出并重新启动 3ds Max的效果相同。

3. 打开文件

执行"3ds Max应用程序▓>打开"命令，执行文件的打开操作。在新版本文件的打开方式包括以下两种：

- **从对话框打开**：执行"打开"命令，将弹出"打开文件"对话框，从中用户可以任意加载场景文件（MAX 文件）、角色文件（CHR 文件）或 VIZ 渲染文件（DRF文件）。
- **从Vault中打开**：打开储存于Vault中现有的3ds Max文件。

4. 保存文件

执行"3ds Max应用程序▓>保存"命令，保存场景文件。第一次执行"文件>保存"命令，将打开"文件另存为"对话框，可以通过此对话框为文件命名、指定路径，使用"保存"命令可通过覆盖上次保存的场景更新当前的场景。

5. 另存为文件

执行"3ds Max应用程序▓>另存为"命令，将会发现有3种另存为模式：

- **另存为**：可以为文件指定不同的路径和文件名，采用 MAX 或 CHR 格式保存当前的场景文件。
- **保存副本为**：以新增量名称保存当前的3d Max文件。
- **归档**：压缩当前3d Max文件和所有相关资料到一个文件夹。

2.2.2　变换操作

移动、旋转和缩放操作统称为变换操作，是3ds Max中使用最为频繁的操作。3ds Max 2016版本中又增加了选择并放置工具，若需要更改对象的位置、方向或比例，可以单击主工具栏上的4个变换按钮，或从快捷菜单中选择变换命令。使用鼠标、状态栏的坐标显示字段、输入对话框或上述任意组合，可以将变换应用到选定对象。

1. 选择并移动

要移动单个对象，则选择后使按钮处于活动状态，单击对象进行选择，当轴线变黄色时，按轴的方向拖动鼠标以移动该对象。

2. 选择并旋转

要旋转单个对象，则选择后使按钮处于活动状态，单击对象进行选择，并拖动鼠标以旋转该对象。

3. 选择并缩放

单击主工具栏上的选择并缩放按钮，选择用于更改对象大小的3种工具。

使用选择并缩放弹出按钮上的选择并均匀缩放按钮，可以沿所有 3个轴以相同量缩放对象，同时保持对象的原始比例。

使用选择并缩放弹出按钮上的选择并非均匀缩放按钮，可以根据活动轴约束以非均匀方式缩放对象。

使用选择并缩放弹出按钮上的选择并挤压工具，可以根据活动轴约束来缩放对象。挤压对象势必牵涉到在一个轴上按比例缩小，同时在另两个轴上均匀地按比例增大。

4. 选择并放置

选择并放置弹出按钮提供了移动对象和旋转对象的2种工具，即选择并放置工具和选择并旋转工具。

要放置单个对象，无须先将其选中。当工具处于活动状态时，单击对象进行选择并拖动鼠标，即可移动该对象。随着鼠标拖动对象，方向将基于基本曲面的发现和"对象上方向轴"的设置进行更改。启用选择并旋转工具后，拖动对象会使其围绕通过"对象上方向轴"设置指定的局部轴进行旋转。右键单击该工具按钮，即可打开"放置设置"面板，如右图所示。

2.2.3 复制操作

3ds Max提供了多种复制方式，可以快速创建一个或多个选定对象的多个版本，本节将介绍多种复制操作的方法。

1. 变换复制

在场景中选择需要复制的对象，按 Shift键的同时使用变换操作工具"移动"、"旋转"、"缩放"、"放置"选择对象，打开下左图的对话框。使用这种方法能够设定复制的方法和复制对象的个数。

2. 克隆复制

在场景中选择需要复制的对象，执行"编辑>克隆"命令，打开下右图的对话框，进行克隆复制。使用这种方法一次只能克隆一个选择对象。

3. 阵列复制

单击菜单栏中的"工具"菜单，在其下拉列表下选择 "阵列"命令，随后将弹出"阵列"对话框，如下图所示，使用该对话框可以基于当前选择对象创建阵列复制。该阵列对话框中各选项的含义介绍如下：

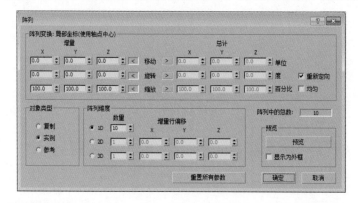

(1)"阵列变换"选项组

"增量"选项用于指定使用哪种变换组合来创建阵列，还可以为每个变换指定沿3个轴方向的范围。在每个对象之间，可以按"增量"指定变换范围；对于所有对象，可以按"总计"指定变换范围。在任何一种情况下，都测量对象轴点之间的距离。使用当前变换设置可以生成阵列，因此该组标题会随变换设置的更改而改变。

单击"移动"、"旋转"和"缩放"左侧或右侧的箭头按钮，将指示是否要设置"增量"或"总计"阵列参数。

- **移动**：指定沿 X、Y 和 Z 轴方向每个阵列对象之间的距离（以单位计）。
- **旋转**：指定阵中每个对象围绕3个轴中的任一轴旋转的度数（以度计）。
- **缩放**：指定阵列中每个对象沿3个轴中的任一轴缩放的百分比（以百分比计）。
- **单位**：指定沿3个轴中每个轴的方向，所得阵列中两个外部对象轴点之间的总距离。例如，如果要为6个对象编排阵列，并将"移动 X"总计设置为100，则这6个对象将按以下方式排列在一行中：行中两个外部对象轴点之间的距离为100个单位。
- **度**：指定沿3个轴中的每个轴应用于对象旋转的总度数。例如，可以使用此方法创建旋转总度数为360 度的阵列。
- **百分比**：指定对象沿3个轴中的每个轴缩放的总计。
- **重新定向**：勾选该复选框，将生成的对象围绕世界坐标旋转的同时，使其围绕局部轴旋转。当取消勾选此复选框时，对象会保持其原始方向。
- **均匀**：勾选该复选框，Y和Z微调按钮将不可用，并将 X 值应用于所有轴，从而形成均匀缩放。

(2)"对象类型"选项组

- **复制**：将选定对象的副本排列到指定位置。
- **实例**：将选定对象的实例排列到指定位置。
- **参考**：将选定对象的参考排列到指定位置。

(3)"阵列维度"选项组

用于添加到阵列变换维数。附加维数只是定位用的。未使用旋转和缩放。

- **1D**：根据"阵列变换"选项组中的设置，创建一维阵列。
- **数量**：指定在阵列的该维中对象的总数，对于1D阵列，此值即为阵列中的对象总数。
- **2D**：创建二维阵列。
- **数量**：指定在阵列的该维中对象的总数。
- **增量行偏移**：指定沿阵列二维的每个轴方向的增量偏移距离。
- **3D**：创建三维阵列。

- **数量**：指定在阵列的该维中对象的总数。
- **增量行偏移**：指定沿阵列三维的每个轴方向的增量偏移距离。

（4）"阵列中的总数"数值框

显示将创建阵列操作的实体总数，包含当前选定对象。如果排列了选择集，则对象的总数是此值乘以选择集对象数的结果。

（5）"预览"选项组

- **预览**：切换当前阵列设置的视口预览，更改设置将立即更新视口。如果加速拥有大量复杂对象阵列的反馈速度，则勾选"显示为外框"复选框。
- **显示为外框**：勾选该复选框，将阵列预览对象显示为边界框而不是几何体。

（6）重置所有参数

将所有参数重置为其默认设置。

2.2.4 捕捉操作

捕捉操作能够捕捉处于活动状态位置的3D空间的控制范围，而且有很多捕捉类型可用，可以用于激活不同的捕捉类型。与捕捉操作相关的工具按钮包括捕捉开关、角度捕捉、百分比捕捉、微调器捕捉切换。现分别介绍如下：

- **捕捉开关** ：这3个按钮代表了3种捕捉模式，提供捕捉处于活动状态位置的3D空间的控制范围。
- **角度捕捉** ：用于切换确定多数功能的增量旋转，包括标准旋转变换。随着旋转对象或对象组，对象以设置的增量围绕指定轴旋转。
- **百分比捕捉** ：用于切换通过指定的百分比增加对象的缩放。
- **微调器捕捉切换** ：用于设置 3ds Max 2016 中所有微调器的单个单击所增加或减少的值。

按下捕捉按钮后，可以捕捉栅格、切换、中点、轴点、面中心和其他选项。

使用鼠标右键单击主工具栏的空区域，在弹出的快捷菜单中选择"捕捉"命令，可以开启捕捉工具面板，如右图所示。用户可以使用"捕捉"选项卡下的这些复选框启用捕捉设置的任何组合。

2.2.5 对齐操作

对齐操作可以将当前选择与目标选择进行对齐，这个功能在建模时使用频繁，希望读者能够熟练掌握。

主工具栏中的"对齐"弹出按钮提供了用于对齐对象的6种不同工具的访问。按从上到下的顺序，这些工具依次为对齐、快速对齐、法线对齐、放置高光、对齐摄影机和对齐到视口。

首先在视口中选择源对象，接着在工具栏上单击"对齐"按钮，将光标定位到目标对象上并单击，在开启的对话框中设置对齐参数并完成对齐操作，如右图所示。

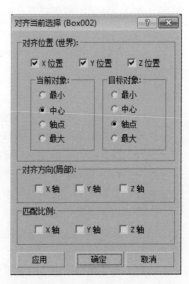

2.2.6 镜像操作

在视口中选择任一对象后，在主工具栏上单击"镜像"按钮将打开"镜像"对话框，设置镜像参数，然后单击"确定"按钮完成镜像操作。打开的"镜像"对话框如右图所示。

"镜像轴"选项组用于设置X、Y、Z、XY、YZ和ZX轴的镜像轴选择。选择所需的单选按钮，即可指定镜像的方向。这些单选按钮等同于"轴约束"工具栏上的选项按钮。其中"偏移"选项用于指定镜像对象轴点距原始对象轴点之间的距离。

"克隆当前选择"选项组用于确定由"镜像"功能创建的副本的类型。默认设置为"不克隆"。

- **不克隆**：在不制作副本的情况下，镜像选定对象。
- **复制**：将选定对象的副本镜像到指定位置。
- **实例**：将选定对象的实例镜像到指定位置。
- **参考**：将选定对象的参考镜像到指定位置。
- **镜像IK限制**：当围绕一个轴镜像几何体时，会导致镜像IK约束（与几何体一起镜像）。如果不希望IK约束受"镜像"命令的影响，可取消勾选此复选框。

2.2.7 隐藏操作

在建模过程中为了便于操作，常常将部分物体暂时隐藏，以提高界面的操作速度，然后在需要的时候再将其显示。

在视口中选择需要隐藏的对象并单击鼠标右键，在弹出的快捷菜单中选择"隐藏未选择对象"命令，实现隐藏操作，如右图所示。当不需要隐藏对象时，同样在视口中单击鼠标右键，在弹出的快捷菜单中选择"全部取消隐藏"或"按名称取消隐藏"命令，场景中隐藏的对象将被显示出来。

2.2.8 冻结操作

在建模过程中为了避免场景中对象的误操作，常常将部分物体暂时冻结，在需要的时候再将其解冻。在视口中选择需要冻结的对象并单击鼠标右键，在弹出的快捷菜单中选择"冻结当前选择"命令，将实现冻结操作。当不需要冻结对象时，同样在视口中单击鼠标右键，在弹出的快捷菜单中选择"全部解冻"命令，场景的对象将不再被冻结。

2.2.9 成组操作

控制成组操作的命令集中在"组"菜单栏中，包含了用于将场景中的对象成组和解组的功能，如右图所示。

执行"组＞组"命令，可将对象或组的选择集中成为一个组。

执行"组＞解组"命令，可将当前组分离为其组件对象或组。

执行"组＞打开"命令，可暂时对组进行解组，并访问组内的对象。

执行"组＞关闭"命令，可重新组合打开的组。

执行"组＞附加"命令，可使选定对象成为现有组的一部分。

执行"组＞分离"命令，可从对象的组中分离选定对象。

执行"组＞炸开"命令，解组组中的所有对象。它与"解组"命令不同，后者只解组一个层级。

执行"组＞集合"命令，在其级联菜单中提供了用于管理集合的命令。

知识延伸：巧妙选择操作对象

3ds Max提供了多种选择操作对象的方法，选择对象■工具是一个单纯的选择工具，不具有其他功能。而选择并移动■、选择并旋转■、选择并均匀缩放■和选择并操控■等工具，除具有选择对象的功能外，还包含了其他编辑操作功能。下面将对对象的选择操作进行介绍。

（1）单击选择对象

如果要选择一个操作对象，首先在主工具栏中选择一个具有选择功能的工具按钮，然后将鼠标指针移动到要选择的对象上，当鼠标变为十字光标时，单击该对象即可选择一个操作对象。

如果要选择多个操作对象（在3ds Max中将所选择的多个对象叫做对象选择集），在选择第一个对象以后，按住Ctrl键，再单击要选择的其他对象，就可以将其增加到操作对象的选择集中。

（2）区域选择

区域选择操作对象是指在视图中通过拖曳鼠标框出一个区域，选择要操作的物体。如果在指定区域时按住Ctrl键，则影响的对象将被添加到当前选择中。

反之，如果在指定区域时按住Alt键，则影响的对象将从当前选择中移除。默认情况下，拖曳鼠标时创建的是矩形区域。

（3）取消对象的选择

如果要从多个对象构成的选择集中取消某个对象的选择，则应该按住Alt键再单击该对象。当选择了一个或多个操作对象后，若要取消所选择的全部对象，则单击视图中的空白位置即可。

 上机实训：自定义绘图环境

在这里，我们将一起练习如何对3ds Max 2016的绘图环境实施个性化设置操作，比如单位设置。单位是在建模之前必须要调整的要素之一，设置的单位用于度量场景中的几何体。这样做更是为了使绘制的图纸更加精确。设置单位的具体操作过程如下：

步骤 01 执行"自定义>单位设置"命令，如下左图所示，或者按下快捷键Alt+U+U，打开"单位设置"对话框，单击"系统单位设置"按钮，如下右图所示。

步骤 02 打开"系统单位设置"对话框，设置系统单位比例1单位＝1毫米，如下左图所示。单击"确定"按钮返回到"单位设置"对话框，设置显示单位比例为公制的毫米后单击"确定"按钮即可，如下右图所示。

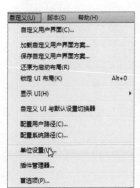

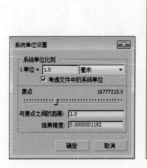

课后练习

1. 选择题

(1) 3ds Max可以在NTFS系统下打开的主程序窗口数为_____。

    A. 2个　　　　　　　B. 1个　　　　　　　C. 无数个　　　　　　D. 不能正常使用

(2) 在3ds Max中，工作的第一步就是要创建_____。

    A. 类　　　　　　　　B. 面板　　　　　　　C. 对象　　　　　　　D. 事件

(3) "克隆"命令位于_____菜单中。

    A. 文件　　　　　　　B. 工具　　　　　　　C. 编辑　　　　　　　D. 视图

(4) 在3ds Max工作界面的主要特点，是在界面上以_____的形式表示各个常用功能。

    A. 图形　　　　　　　B. 按钮　　　　　　　C. 图形按钮　　　　　D. 以上说法都不确切

(5) 用户视图采用的是_____。

    A. 透视视图　　　　　B. 轴测视图　　　　　C. 正交视图　　　　　D. 摄影机视图

2. 填空题

(1) 3ds Max的命令面板包括_____，_____，_____，_____，_____和_____六个面板。

(2) 当使用"轴点中心"时，操作中心是对象的_____。

(3) 在对齐物体时，正交视图使用的是_____坐标，透视图使用的是_____坐标。

(4) 默认状态下，视图区一般由_____个相同的方形窗格组成，每一个方形窗格为一个视图。

(5) 使用_____命令可以创建一个完全自定义的用户界面，包括_____，_____，_____和_____。

3. 操作题

根据本章所讲知识，将茶壶图形进行复制、镜像操作，如下图所示。

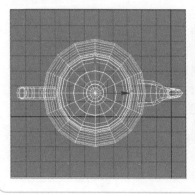 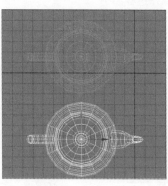 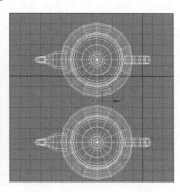

本章概述

三维建模是三维设计的第一步，是三维世界的核心和基础。没有一个好的模型，一切好的效果都难以呈现。3ds Max具有多种建模手段，本章主要讲述其内置的几何体建模，即标准基本体和扩展基本体的创建。

核心知识点

❶ 标准基本体与扩展基本体的种类
❷ 标准基本体与扩展基本体的特点
❸ 标准基本体与扩展基本体的创建及设置

3.1 创建标准基本体

创建标准基本体是构成三维模型的基础，既可以单独建模（如茶壶），也可以进一步编辑、修改成新的模型，它在建模中的作用就相当于建筑中所使用的砖瓦、砂石等原材料。

本节将对3ds Max 2016中标准基本体的命令和创建方法进行详细介绍，以帮助用户能够更快地熟悉、了解和使用3ds Max 2016软件。

首先来认识标准基本体，标准基本体是现实世界中常见的几何体，像球体、圆柱体、长方体等，它是创建其他模型的基础。标准基本体包括长方体、圆锥体、球体、几何球体、圆柱体、管状体、圆环、四棱锥、茶壶、平面等。

在命令面板中选择"创建█>几何体◯>标准基本体"选项，即可显示全部基本体，如右图所示。

3.1.1 长方体

长方体是基础建模应用最广泛的标准基本体之一，在各式各样的模型中都存在着长方体，下面介绍长方体和立方体的具体创建方法。

1. 创建长方体

单击"长方体"按钮，在下方即会出现长方体的参数卷展栏，如右图所示，即可根据需要更改长方体的相关参数。

下面具体介绍长方体参数卷展栏中各选项的含义：

● **立方体**：单击该单选按钮，可以创建立方体。
● **长方体**：单击该单选按钮，可以创建长方体。
● **长度、宽度、高度**：设置长方体的长度数值，拖动鼠标创建长方体时，列表框中的数值会随之更改。
● **长度分段、宽度分段、高度分段**：设置各轴上的分段数量。
● **生成贴图坐标**：为创建的长方体生成贴图材质坐标，默认为勾选状态。
● **真实世界贴图大小**：贴图大小由绝对尺寸决定，与对象相对尺寸无关。

2. 创建立方体

创建立方体的方法非常简单，执行"创建>标准基本体>长方体"命令，在"创建方法"卷展栏中单击"立方体"单选按钮，然后在任意视图单击并拖动鼠标定义立方体大小，释放鼠标左键即可创建立方体。

> **提示** 在创建长方体时，按住Ctrl键并拖动鼠标，可以将创建的长方体的地面宽度和长度保持一致，然后调整高度，即可创建具有正方形底面的长方体。

3.1.2 圆锥体

圆锥体大多用于创建天台，利用"参数"卷展栏中的选项，可以将圆锥体定义成许多形状，在"几何体"命令面板中单击"圆锥体"按钮，命令面板的下方将弹出圆锥体的"参数"卷展栏，如右图所示。

下面具体介绍"参数"卷展栏中创建圆锥体各选项的含义：

- **半径1**：设置圆锥体的底面半径大小。
- **半径2**：设置圆锥体的顶面半径，当值为0时，圆锥体将更改为尖顶圆锥体，当值大于0时，将更改为平顶圆锥体。
- **高度**：设置圆锥体主轴的分段数。
- **高度分段**：设置圆锥体的高度分段。
- **端面分段**：设置围绕圆锥体顶面和地面的中心同心分段数。
- **边数**：设置圆锥体的边数。
- **平滑**：勾选该复选框，圆锥体将进行平滑处理，在渲染中形成平滑的外观。
- **启用切片**：勾选该复选框，将激活"切片起始位置"和"切片结束位置"参数，在其中可以设置切片的角度。

3.1.3 球体

无论是建筑建模，还是工业建模，球形是必不可少的一种结构。在单击"球体"按钮时，在命令面板下方将打开球体参数卷展栏，如右图所示。

下面具体介绍在球体参数卷展栏中创建球体各选项的含义：

- **边**：通过边创建球体，移动鼠标将改变球体的位置。
- **中心**：定义中心位置，通过定义的中心位置创建球体。
- **半径**：设置球体半径的大小。
- **分段**：设置球体的分段数目，设置的分段会形成网格线，分段数值越大，网格密度越大。
- **平滑**：将创建的球体表面进行平滑处理。
- **半球**：创建部分球体，定义半球数值，可以定义减去创建球体的百分比数值，有效数值在0.0～2.0。
- **切除**：通过在半球断开时，将球体中的顶点和面去除来减少它们的数量，该单选按钮默认为选中状态。
- **挤压**：保持球体的顶点数和面数不变，将几何体向球体的顶部挤压为半球体的体积。
- **启用切片**：勾选该复选框，可以启用切片功能，也就是从某角度向另一角度创建球体。
- **切片起始位置和切片结束位置**：勾选"启用切片"复选框时，即可激活"切片起始位置"和"切片结束位置"选项，并可以设置切片的起始角度和停止角度。
- **轴心在底部**：将轴心设置为球体的底部。该复选框默认为禁用状态。

3.1.4 几何球体

几何球体和球体的创建方法一致，在命令面板单击"几何球体"按钮后，在任意视图中拖动鼠标，即可创建几何球体。在新建面板中单击"几何球体"按钮后，将弹出"参数"卷展栏，如右图所示。

下面具体介绍"参数"卷展栏中创建几何球体各选项的含义：

- **半径**：设置几何球体的半径大小。
- **分段**：设置几何球体的分段。设置分段数值后，将创建网格，数值越大，网格密度越大，几何球体越光滑。
- **基点面类型**：基点面类型分为四面体、八面体和二十面体3种选项，这些单选按钮分别代表相应的几何球体的面值。
- **平滑**：勾选该复选框，渲染时平滑显示几何球体。
- **半球**：勾选该复选框，将几何球体设置为半球状。
- **轴心在底部**：勾选该复选框，几何球体的中心将设置为底部。

3.1.5 圆柱体

创建圆柱体和创建球体相同，都可以通过边和中心两种方法创建。在几何体命令面板中单击"圆柱体"按钮后，在命令面板的下方会弹出圆柱体的"参数"卷展栏，如右图所示。

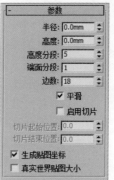

下面具体介绍"参数"卷展栏中创建圆柱体各选项的含义：

- **半径**：设置圆柱体的半径大小。
- **高度**：设置圆柱体的高度值，在数值为负数时，将在构造平面下进行创建圆柱体。
- **高度分段**：设置圆柱体高度上的分段数值。
- **端面分段**：设置圆柱体顶面和底面中心的同心分段数量。
- **边数**：设置圆柱体周围的边数。

3.1.6 管状体

管状体主要应用于管道之类模型的制作，其创建方法非常简单，在"几何体"命令面板中单击"管状体"按钮，在命令面板的下方将弹出其"参数"卷展栏，如右图所示。

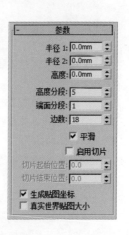

下面具体介绍其参数卷展栏中创建管状体各选项的含义：

- **半径1和半径2**：设置管状体的底面圆环内径和外径大小。
- **高度**：设置管状体高度。
- **高度分段**：设置管状体高度分段的精度。
- **端面分段**：设置管状体端面分段的精度。
- **边数**：设置管状体的边数，值越大，渲染的管状体越平滑。
- **平滑**：勾选该复选框，将对管状体进行平滑处理。
- **启用切片**：勾选其复选框，将激活"切片起始位置"和"切片结束位置"选项，在其中可以设置切片的角度。

在绘制管状模型时，"半径1"和"半径2"的差值即为管壁的厚度，因此在实际应用中可以灵活地对管壁做出调整。

3.1.7 圆环

创建圆环的方法和其他标准基本体有许多相同点，在命令面板中单击"圆环"按钮后，在命令面板的下方将弹出"参数"卷展栏，如下右图所示。

下面具体介绍圆环"参数"卷展栏中各选项的含义：

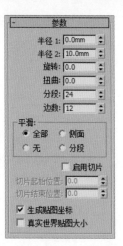

- **半径1**：设置圆环轴半径的大小。
- **半径2**：设置截面半径大小，用于定义圆环的粗细程度。
- **旋转**：将圆环顶点围绕通过环形中心的圆形旋转。
- **扭曲**：决定每个截面扭曲的角度，产生扭曲的表面，数值设置不当，就会产生只扭曲第一段的情况，此时只需要将扭曲值设置为360.0，或者勾选下方的"启用切片"复选框。
- **分段**：设置圆环的分数划分数目，值越大，得到的圆形越光滑。
- **边数**：设置圆环上下方向上的边数。
- **平滑**：在"平滑"选项组中包含"全部"、"侧面"、"无"和"分段"四个单选按钮。选择"全部"单选按钮，对整个圆环进行平滑处理。选择"侧面"单选按钮，平滑圆环侧面。选择"无"单选按钮，不进行平滑操作。选择"分段"单选按钮，平滑圆环的每个分段，沿着环形生成类似环的分段。

3.1.8 茶壶

茶壶是标准基本体中唯一完整的三维模型实体，选择该标准基本体后，单击并拖动鼠标即可创建茶壶的三维实体。在命令面板中单击"茶壶"按钮后，命令面板下方会显示其"参数"卷展栏，如右图所示。

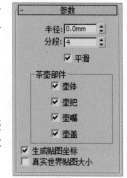

下面具体介绍"参数"卷展栏中各选项的含义：

- **半径**：设置茶壶的半径大小。
- **分段**：设置茶壶及单独部件的分段数。
- **茶壶部件**：在"茶壶部件"选项组中包含"壶体"、"壶把"、"壶嘴"、"壶盖"4个茶壶部件的复选框。取消勾选相应部件的复选框，则在视图区将不显示该部件。

3.2 创建扩展基本体

扩展基本体可以创建带有倒角、圆角和特殊形状的物体，和标准基本体相比较为复杂一些。

扩展基本体包括：异面体、环形结、切角长方体、切角圆柱体、油罐、胶囊、纺锤、L-Ex（L形拉伸体）、球棱柱、C-Ext（C形拉伸体）、环形波、软管和棱柱，如右图所示。

创建扩展基本体的基本方法如下：

- 执行"创建>扩展基本体"的子命令。
- 在命令面板中单击"创建"按钮 ，然后单击"标准基本体"右侧的 按钮，在弹出的列表框中选择"扩展基本体"选项，并在该列表中单击需要创建的扩展基本体按钮。

3.2.1 异面体

异面体是由多个边面组合而成的三维实体图形，它可以调节异面体边面的状态，也可以调整实体面的数量改变其形状。在"扩展基本体"命令面板中单击"异面体"按钮后，在命令面板下方将弹出创建异面体"参数"卷展栏，如下右图所示。

下面具体介绍创建异面体"参数"卷展栏中各选项组的含义：

- **系列**：该选项组包含四面体、立方体、十二面体、星形1和星形2等5个选项，主要用来定义创建异面体的形状和边面的数量。
- **系列参数**："系列参数"选项区域中的P和Q两个参数，主要用于控制异面体的顶点和轴线双重变换关系，两者之和不可以大与1。
- **轴向比率**："轴向比率"选项区域中的P、Q、R三个参数分别为其中一个面的轴线，设置相应的参数可以使其面进行突出或者凹陷。
- **顶点**：设置异面体的顶点。
- **半径**：设置创建异面体的半径大小。

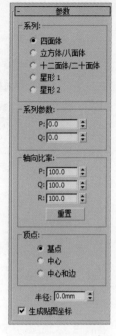

3.2.2　切角长方体

切角长方体在创建模型时应用十分广泛，常被用于创建带有圆角的长方体结构。在"扩展基本体"命令面板中单击"切角长方体"按钮后，命令面板下方将弹出设置切角长方体的"参数"卷展栏，如右图所示。

下面具体介绍设置切角长方"参数"卷展栏中各选项的含义：
- **长度、宽度**：设置切角长方体地面或顶面的长度和宽度。
- **高度**：设置切角长方体的高度。
- **圆角**：设置切角长方体的圆角半径。值越高，圆角半径越明显。
- **长度分段、宽度分段、高度分段、圆角分段**：设置切角长方体分别在长度、宽度、高度和圆角上的分段数目。

3.2.3　切角圆柱体

创建切角圆柱体和创建切角长方体的方法相同，但在"参数"卷展栏中设置圆柱体的各参数却有部分不相同，如右图所示。

下面具体介绍"参数"卷展栏中设置切角圆柱体各选项的含义：
- **半径**：设置切角圆柱体的底面或顶面的半径大小。
- **高度**：设置切角圆柱体的高度。
- **圆角**：设置切角圆柱体的圆角半径大小。
- **高度分段、圆角分段、端面分段**：设置切角圆柱体高度、圆角和端面的分段数目。
- **边数**：设置切角圆柱体的边数，数值越大，圆柱体越平滑。
- **平滑**：勾选"平滑"复选框，即可对创建的切角圆柱体在渲染中进行平滑处理。
- **启用切片**：勾选该复选框，将激活"切片起始位置"和"切片结束位置"选项，在数值框中输入相应的数值，可以设置切片的角度。

知识延伸：平面模型

平面是一种没有厚度的长方体，在渲染时可以无限放大。平面常用来创建大型场景的地面或墙体。此外，用户可以为平面模型添加噪波等修改器来创建波涛起伏的海面或陡峭的地形、岩石等，如下图所示。

在"几何体"命令面板中单击"平面"按钮，命令面板的下方将显示其"参数"卷展栏，如右图所示。

下面具体介绍"参数"卷展栏中创建平面各选项的含义：

- **长度**：设置平面的长度。
- **宽度**：设置平面的宽度。
- **长度分段**：设置长度的分段数量。
- **宽度分段**：设置宽度的分段数量。
- **渲染倍增**："渲染倍增"选项组包含缩放、密度、总面数3个选项。"缩放"数值框用于指定平面几何体的长度和宽度在渲染时的倍增数，从平面几何体中心向外缩放。"密度"数值框用于指定平面几何体的长度和宽度分段数在渲染时的倍增数值。"总面数"参数显示创建平面物体中的总面数。

上机实训：创建茶几模型

本案例结合本章所学习的知识，利用标准基本体和扩展基本体的创建方法，来组合出一个简单的茶几模型，其创建步骤如下：

步骤01 在"创建"命令面板中单击"几何体"按钮，在"标准基本体"下单击"长方体"按钮后，在顶视图中创建一个长方体作为茶几底座1，参数设置如右图所示。

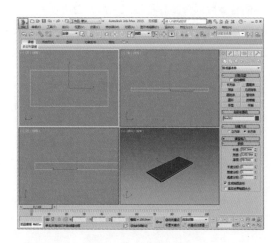

步骤 **02** 保持选中创建的长方体，单击"选择并移动"按钮，按住Shift键并向上移动模型，在弹出的"克隆选项"对话框中选择复制对象，如下图所示。

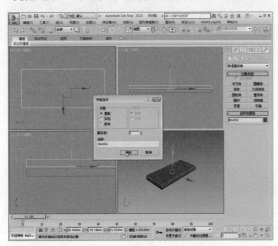

步骤 **03** 调整长方体位置，并重新设置参数，作为茶几底座2，如下图所示。

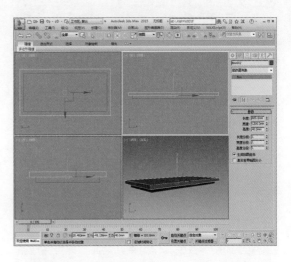

步骤 **04** 继续创建长方体，并设置相应的参数，如下图所示。

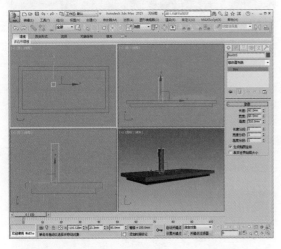

步骤 **05** 单击"圆柱体"按钮，创建一个圆柱体，设置参数并调整到合适位置，如下图所示。

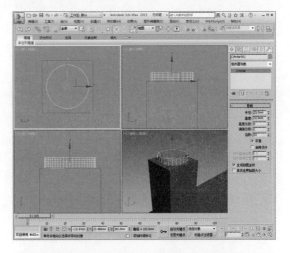

步骤 **06** 选择长方体及圆柱体，向右进行实例复制，设置复制个数为2，如右图所示。

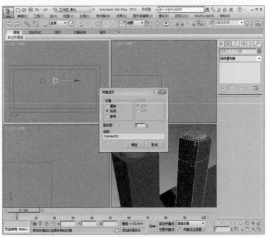

步骤 07 调整模型位置，作为茶几支柱，如下图所示。

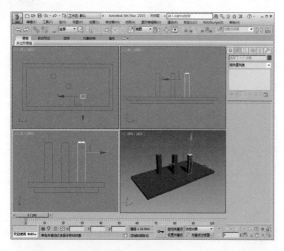

步骤 08 选择底座2模型，并向上复制，参数设置如下图所示。

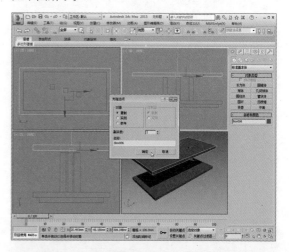

步骤 09 调整参数使其作为茶几桌面，即可完成茶几模型的制作，如右图所示。

步骤 10 赋予模型材质后的效果如右图所示。

课后练习

1. 选择题

（1）以下不属于几何体的对象是_____。

A. 球体　　　　　　B. 平面　　　　　　　C. 粒子系统　　　　　D. 螺旋线

（2）使用"选择和移动"工具时，利用_____键可以实现移动并复制。

A. Ctrl　　　　　　B. Shift　　　　　　　C. Ait　　　　　　　D. Ctrl+Shift

（3）Pyramid是哪种基本物体_____。

A. 立方体　　　　　B. 金字塔　　　　　　C. 圆柱体　　　　　　D. 壶

（4）Edit Mesh中有几个次物体类型_____。

A. 5　　　　　　　　B. 4　　　　　　　　C. 3　　　　　　　　D. 6

（5）3ds Max中默认的对齐快捷键是_____。

A. W　　　　　　　B. Shift+J　　　　　　C. Alt+A　　　　　　D. Ctrl+D

2. 填空题

（1）执行_____菜单命令，可以将3ds Max系统界面复位到初始状态。

（2）标准几何体的创建可以通过在命令面板上选择_____命令，并在次级扩展栏中选择_____命令来实现。

（3）3ds Max中的扩展基本体命令共13个，请任意填写其中四个_____，_____，_____，_____。

（4）在创建切角长方体时，用于设置倒角效果的参数是_____和_____。

3. 操作题

根据本章所讲知识，绘制简易单人沙发模型，如下图所示。

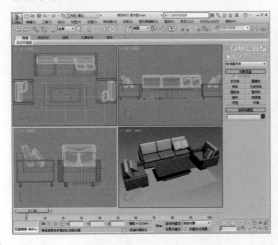

Chapter 04 高级建模技术

本章概述

在3ds Max中，除了内置的几何体模型外，用户可以通过对二维图形的挤压、放样等操作来制作三维模型，还可以利用基础模型、面片、网格等来创建三维物体。本章将对这些建模技术进行介绍，通过对本章内容的学习，读者可以熟悉二维图形的形状和特点，掌握二维图形生成三维模型的方法。

核心知识点

❶ 样条线的绘制
❷ 复合对象的创建
❸ 修改器的使用
❹ 多边形建模

4.1 样条线

样条线是可控制的曲线，由点、线段、线三部分组成，通过数学公式计算生成，在设计中运用线的点、线段以及线的空间位置不同而得到不同的模拟效果，最终得到设计效果。

在"创建"命令面板中，选择"图形🔲>样条线"选项，查看样条线类型。其中包括线、矩形、圆、椭圆、弧、圆环、多边形、星形、文本、螺旋线、截面等，如右图所示。

4.1.1 线的创建

线在样条线中比较特殊，没有可编辑的参数，只有利用节点、线段和样条线等子对象层级中进行编辑。

在"图形"命令面板中单击"线"按钮，如下左图所示。在视图区中合适的位置依次单击，即可创建线，如下右图所示。

在"几何体"卷展栏中，由"角点"所定义的点，形成的线是严格的折线。由"平滑"所定义的节点，形成的线是可以圆滑相接的曲线。单击鼠标时若立即松开便形成折角，若继续拖动一段距离后再松开，便形成圆滑的弯角。由Bezier（贝赛尔）所定义的节点形成的线是依照Bezier算法得出的曲线，通过移动一点的切线控制柄来调节经过该点的曲线形状，如右图所示。

"几何体"展卷栏中主要选项的含义介绍如下：

- **创建线**：表示是在此样条线的基础上再加线。
- **断开**：表示将一个顶点断开成两个。
- **附加**：单击该按钮，可以将两条线转换为一条线。
- **优化**：单击该按钮，可以在线条上任意加点。
- **焊接**：单击该按钮，将断开的点焊接起来，"连接"和"焊接"的作用是一样的，只不过是"连接"必须是重合的两点。
- **插入**：单击该按钮，不但可以插入点还可以插入线。
- **熔合**：单击该按钮，将两个点重合，但还是两个点。
- **圆角**：单击该按钮，给直角一个圆滑度。
- **切角**：单击该按钮，将直角切成一条直线。
- **隐藏**：单击该按钮，把选中的点隐藏起来，但是还是存在的；若单击"全部取消隐藏"按钮，可以把隐藏的都显示出来。
- **删除**：单击该按钮将删除不需要的点。

4.1.2 其他样条线的创建

掌握线的创建操作后，其他样条线的创建就简单了很多，下面将对其进行逐一介绍。

（1）矩形

常用于创建简单家居的拉伸原形。关键参数有"可渲染"、"步数"、"长度"、"宽度"和"角半径"等，创建的矩形样条线的效果如下左图所示。其中各主要参数的含义介绍如下：

- **长度**：设置矩形的长度。
- **宽度**：设置矩形的宽度。
- **角半径**：设置角半径的大小。

（2）圆

常用于创建室内家居中简单形状的拉伸造型，关键参数有"步数"、"可渲染"和"半径"等，创建圆样条线的效果如下右图所示。

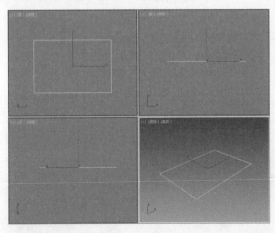
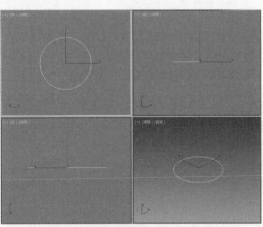

（3）椭圆

常用于创建以圆形为基础的变形对象，关键参数有"可渲染"、"节数"、"长度"、"宽度"等，创建的椭圆样条线效果如下左图所示。

（4）弧

关键参数有"端点-端点-中央"、"中央-端点-端点"、"半径"、"起始角度"、"结束角度"、"饼形切片″和″反转″等，创建弧样条线的效果如下右图所示。其中，各选项的含义介绍如下：

- **端点-端点-中央**：设置″弧″样条线以端点-端点-中央的方式进行创建。
- **中央-端点-端点**：设置″弧″样条线以中央-端点-端点的方式进行创建。
- **半径**：设置弧形的半径。
- **从**：设置弧形样条线的起始角度。
- **到**：设置弧形样条线的终止角度。
- **饼形切片**：勾选该复选框，创建的弧形样条线会更改成封闭的扇形。
- **反转**：勾选该复选框，即可反转弧形，生成弧形所属圆周另一半的弧形。

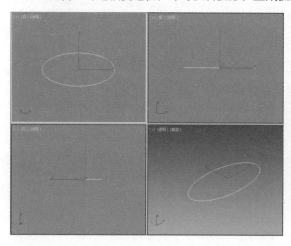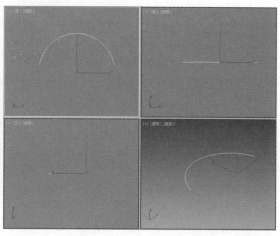

（5）圆环

关键参数包括″可渲染″、″步数″、″半径1″和″半径2″，创建圆环样条线的效果如下左图所示。

（6）多边形

关键参数包括″半径″、″内接″、″外接″、″边数″、″角半径″和″圆形″，创建多边形样条线的效果如下右图所示。其中各选项的含义介绍如下：

- **半径**：设置多边形半径的大小。
- **内接和外接**：内接是指多边形中心点到角点之间的距离为内切圆的半径，外接是指多边形的中心点到角点之间的距离为外切圆的半径。
- **边数**：设置多边形边数，数值范围为3～100，默认边数为5。
- **角半径**：设置圆角半径大小。
- **圆形**：勾选该复选框，多变形即可变成圆形。

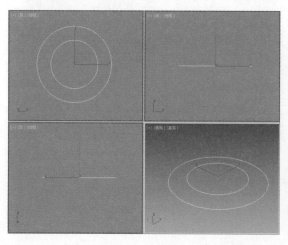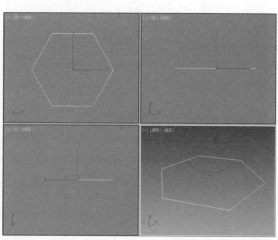

（7）星形

关键参数有"半径1"、"半径2"、"点"、"扭曲"、"圆角半径1"和"圆角半径2"，创建星形样条线的效果如下左图所示。其中各选项的含义介绍如下：

- **半径1和半径2**：设置星形的内、外半径。
- **点**：设置星形的顶点数目，默认情况下，创建星形的点数目为6。数值范围为3～100。
- **扭曲**：设置星形的扭曲程度。
- **圆角半径1和圆角半径2**：设置星形内、外圆环上的圆角半径大小。

（8）文本

关键参数有"大小"、"字间距"、"更新"和"手动更新"，创建的文本效果如下右图所示。

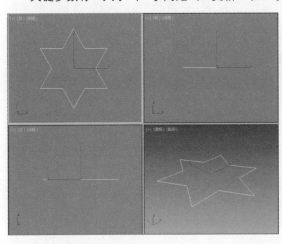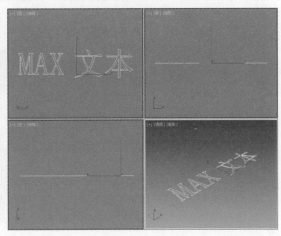

（9）螺旋线

关键参数有"半径1"、"半径2"、"高度"、"圈数"、"偏移"、"顺时针"和"逆时针"，创建螺旋线的效果如下左图所示。其中，各选项的含义介绍如下：

- **半径1和半径2**：设置螺旋线的半径。
- **高度**：设置螺旋线左起始圆环和结束圆之间的高度。
- **圈数**：设置螺旋线的圈数。
- **偏移**：设置螺旋线段偏移距离。
- **顺时针和逆时针**：设置螺旋线的旋转方向。

（10）截面

从已有对象上取的剖面图形作为新的样条线，在所需位置创建剖切平面的效果如下右图所示。关键参数有"创建图形"、"移动截面时"更新、"选择截面时更新"、"手动更新"、"无限"和"截面边界"等。

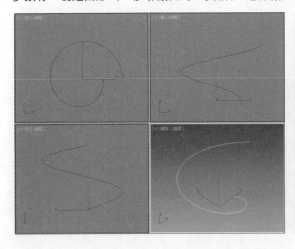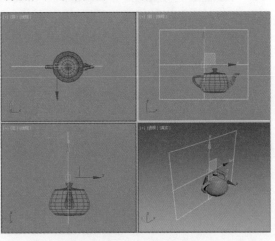

4.2 NURBS建模

在3ds Max中建模的方式还包括使用NURBS曲面和曲线。NURBS表示非均匀有理数B样条线，特别适合为含有复杂曲线的曲面建模，因为这些对象很容易交互操纵，且创建它们的算法效率高，计算稳定性好。

4.2.1 NURBS对象

NURBS对象包含曲线和曲面两种，如下图所示，NURBS建模也就是创建NURBS曲线和NURBS曲面的过程，使用它可以使以前实体建模难以达到的圆滑曲面的构建变得简单方便。

1. NURBS曲面

NURBS曲面包含点曲面和CV曲面两种，含义介绍如下：
- **点曲面**：由点来控制模型的形状，每个点始终位于曲面的表面上。
- **CV曲面**：由控制顶点来控制模型的形状，CV形成围绕曲面的控制晶格，而不是位于曲面上。

2. NURBS曲线

NURBS曲线包含点曲线和CV曲线两种，含义介绍如下：
- **点曲线**：由点来控制曲线的形状，每个点始终位于曲线上。
- **CV曲线**：由控制顶点来控制曲线的形状，这些控制顶点不必位于曲线上。

> **提示** NURBS造型系统由点、曲线和曲面3种元素构成，曲线和曲面又分为标准和CV型，创建它们既可以在创建命令面板内完成，也可以在一个NURBS造型内部完成。

4.2.2 编辑NURBS对象

在NURBS对象的参数面板中共有7个卷展栏，分别是"常规"、"显示线参数"、"曲面近似"、"曲线近似"、"创建点"、"创建曲线"和"创建曲面"，如下左图所示。而在选择"曲线CV"或者"曲线"子层级时，又会分别出现不同的参数卷展栏，如下中和下右图所示。

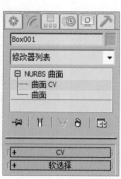

1. "常规"卷展栏

"常规"卷展栏中包含了附加、导入以及NURBS工具箱等，如下左图所示。单击"NURBS创建工具箱"按钮▦，即可打开NURBS工具箱，如下右图所示。

下面将详细介绍NURBS工具箱中各个编辑工具的作用：

▲创建点	创建一个独立自由的顶点
◦创建偏移点	在距离选定点一定的偏移位置创建一个顶点
◦创建曲线点	创建一个依附在曲线上的顶点
◦创建曲线-曲线点	在两条曲线交叉处创建一个顶点
▣创建曲面点	创建一个依附在曲面上的顶点
▣创建曲面-曲线点	在曲面和曲线的交叉处创建一个顶点
〜创建CV曲线	创建可控曲线，与"创建"面板中按钮功能相同
〜创建点曲线	创建点曲线
〜创建拟合曲线	可以使一条曲线通过曲线的顶点、独立顶点，曲线的位置与顶点相关联
ꜱ创建变换曲线	创建一条曲线的备份，并使备份与原始曲线相关联
╱创建混合曲线	在一条曲线的端点与另一条曲线的端点之间创建过渡曲线
ꜱ创建偏移曲线	创建一条曲线的备份，当拖动鼠标改变曲线与原始曲线之间的距离时，随着距离的改变，其大小也随之改变
ꜱ创建镜像曲线	用于创建镜像曲线
⌐创建切角曲线	用于创建切角曲线
⌐创建圆角曲线	用于创建圆角曲线
▤创建曲面-曲面相交曲线	创建曲面与曲面的交叉曲线
▣创建U向等参曲线	偏移沿着曲面的法线方向，大小随着偏移量而改变
▣创建V向等参曲线	在曲线上创建水平和垂直的ISO曲线
▣创建法向投影曲线	以一条原始曲线为基础，在曲线所组成的曲面法线方向上曲面投影
▣创建向量投影曲线	它与创建标准投影曲线相似，只是投影方向不同，矢量投影时在曲面的法线方向上向曲面投影，而标准投影时在曲线所组成的曲面方向上曲面投影
▣创建曲面上的CV曲线	与可控曲线非常相似，只是曲面上的可控曲线与曲面关联
▣创建曲面上点曲线	用于创建曲面上的点曲线
▣创建曲面偏移曲线	用于创建曲面上的偏移曲线
▣创建曲面边曲线	用于创建曲面上的边曲线
▣创建CV曲面	用于创建可控曲面

创建点曲面	用于创建点曲面
创建变换曲面	所创建的变换曲面是原始曲面的一个备份
创建混合曲面	在两个曲面的边界之间创建一个光滑曲面
创建偏移曲面	创建与原始曲面相关联且在原始曲面的法线方向指定的距离
创建镜像曲面	用于创建镜像曲面
创建挤出曲面	将一条曲线拉伸为一个与曲线相关联的曲面
创建车削曲面	用于旋转一条曲线生成一个曲面
创建规则曲面	在两条曲线之间创建一个曲面
创建封口曲面	在一条封闭曲线上加上一个盖子
创建U向放样曲面	在水平方向上创建一个横穿多条NURBS曲线的曲面，这些曲线会形成曲面水平轴上的轮廓
创建UV放样曲面	创建水平垂直放样曲面，与水平放样曲面类似，不仅可以在水平面上放置曲线，还可以在垂直方向上放置曲线，因此可以更精确地控制曲面的形状
创建单轨扫描	需要至少两条曲线，一条做路径，一条做曲面的交叉界面
创建双轨扫描	需要至少三条曲线，其中两条做路径，其他曲线作为曲面的交叉界面
创建多边混合曲面	在两个或两个以上的边之间创建融合曲面
创建多重曲线修剪曲面	在两个或两个以上的边之间创建剪切曲面
创建圆角曲面	在两个交叉曲面结合的地方建立一个光滑的过渡曲面

2."曲面近似"卷展栏

为了渲染和显示视口，可以使用"曲面近似"卷展栏，控制NURBS模型中的曲面子对象的近似值求解方式，参数卷展栏如下右图所示。各参数含义介绍如下：

- **基础曲面**：单击该按钮，设置将影响选择集中的整个曲面。
- **曲面边**：单击该按钮，设置影响由修剪曲线定义的曲面边的细分。
- **置换曲面**：只有在选中"渲染器"单选按钮的时候，该功能才可用。
- **细分预设**：用于选择低、中、高质量层级的预设曲面近似值。
- **细分方法**：如果已经选择视口，该组中的控件会影响NURBS曲面在视口中的显示。如果选择"渲染器"单选按钮，这些控件还会影响渲染器显示曲面的方式。
- **规则**：根据U向步数和V向步数的参数，在整个曲面内生成固定的细化。
- **参数化**：根据U向步数和V向步数的参数，生成自适应细化。
- **空间**：生成由三角形组成的统一细化。
- **曲率**：根据曲面的曲率生成可变的细化。
- **空间和曲率**：通过设置"边"、"距离"和"角度"参数，使空间方法和曲率方法完美结合。
- **高级参数**：单击该按钮，可以显示"高级曲面近似"对话框。

3."曲线近似"卷展栏

在模型级别上，近似空间影响模型中的所有曲线子对象，参数卷展栏如右图所示。各参数含义介绍如下：

- **步数**：用于设置近似每个曲线段的最大线段数。
- **优化**：勾选此复选框，可以优化曲线。
- **自适应**：勾选此复选框，将基于曲率自适应分割曲线。

4. 创建点/曲线/曲面卷展栏

这三个卷展栏中的工具与NURBS工具箱中的工具相对应，主要用来创建点、曲线、曲面对象，如下图所示。

4.3 创建复合对象

所谓复合对象就是指利用两种或者两种以上二维图形或三维模型复合成一种新的、比较复杂的三维造型。

在命令面板中选择"创建 > 几何体 > 复合对象"选项，即可看到所有对象类型，其中包括：变形、散布、一致、连接、水滴网格、图形合并、布尔、地形、放样、网格化、超级布尔、超级切割对象，如右图所示。

下面将对这些创建命令进行介绍。

- 变形：在两个具有相同顶点数的对象之间自动插入动画帧，使一个对象变成另外一个对象，完成变形动画的制作。
- 散布：在选定的分布对象上使离散对象随机地分布在对象的表面或体内。
- 一致：在一个对象的表面创建另一个对象，还可以模拟不同顶点数对象之间的形变。
- 连接：连接两个具有开放面的对象，因此两个对象都必须是网格对象或是可以转换为网格对象的模型，并且它们必须都有开放面，通常的做法是将需要连接部分的面删除而生成开放面。
- 水滴网格：这是一个变形球建模系统，可以制作流体附着在物体表面的动画和粘稠的液体。
- 图形合并：将样条曲线合并到网格对象中，或者从网格对象中去掉样条曲线。
- 布尔：这是一个数学集合的概念，它对两个或两个以上具有重叠部分的对象进行布尔运算。运算方式包括：并集（相当于数学运算"+"）、差集（相当于数学运算"-"）、交集（取两个对象重叠的部分）和"切割"。
- 地形：使用等高线创建地形，可以在3ds Max中创建样条曲线作为等高线，也可以从AutoCAD中导入曲线，但是样条曲线必须是闭合的。
- 放样：沿样条曲线放置横截面样条曲线。
- 网格化：它将粒子系统转换为网格对象，这样就可以给粒子系统应用一些不能直接用于粒子系统的编辑修改器。
- ProBoolean：将大量功能添加到传统的3ds Max布尔对象中，如每次使用不同的布尔运算，立刻组合多个对象的能力。ProBoolean还可以自动将布尔结果细分为四边形面，这有助于网格平滑和涡轮平滑。
- ProCutter：ProCutter复合对象能够执行特殊的布尔运算，主要目的是分裂或细分体积。ProCutter运算的结果尤其适合在动态模拟中使用。在动态模拟中，模拟对象炸开或由于外力原因，使对象破碎。

4.3.1 创建布尔对象

布尔运算通过对两个或两个以上几何对象进行并集、差集、交集的运算，从而得到一种复合对象。每个参与结合的对象被称为运算对象，通常参与运算的两个布尔对象应该有相交的部分。单击"布尔"按钮，将会打开"拾取布尔"参数卷展栏，如右图所示。具体参数介绍如下：

- **拾取操作对象B：** 单击该按钮，在场景中选择另一个物体即可完成布尔合成。其下的4个单选按钮用于控制运算对象B的属性，它们要在拾取运算对象B之前确定。
- **参考：** 将原始对象的参考复制品作为运算对象B，以后改变原始对象，也会同时改变布尔物体中的运算对象B，但改变运算对象B，不会改变原始对象。
- **复制：** 将原始对象复制一个作为运算对象B，而不改变原始对象。当原始对象还要做其他用途时选用该种方式。
- **移动：** 将原始对象直接作为运算对象B，它本身将不再存在。当原始对象无其他用途时选用该种方式，该单选按钮为默认选择的方式。
- **实例：** 布尔运算会创建选定对象的一个实例。将来修改选定的对象时，也会修改参与布尔运算的实例化对象，反之亦然。
- **操作：** 用来设置A与B布尔运算的结果，共有三种情况：并集、差集、交集。
- **并集：** 用来将两个造型合并，相交的部分将被删除，运算完成后两个物体将成为一个整体。
- **差集（A-B）：** 在A物体中减去与B物体重合的部分。
- **差集（B-A）：** 在B物体中减去与A物体重合的部分。
- **交集：** 用于将两个造型相交的部分保留下来，删除不相交的部分。
- **切割：** 用B物体切除A物体，但不在A物体上添加B物体的任何部分。当该单选按钮被选中时，将激活其下4个单选按钮，以供用户选择不同的切割类型，包括优化、分割、移除内部和移除外部。

4.3.2 创建放样对象

放样是将一个二维形体对象作为沿某个路径的剖面，而形成复杂的三维对象。同一路径上可在不同的段给予不同的形体，用户可以利用放样来实现很多复杂模型的构建，右图为其参数卷展栏。下面将对卷展栏中主要参数的含义进行介绍：

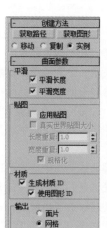

- **图形步数：** 设置造型顶点之间的步幅数，加大参数值会使造型外表更加光滑。
- **路径步数：** 设置路径顶点之间的步幅数，加大参数值会使造型在路径上更加光滑。
- **优化图形：** 勾选该复选框，会对截面进行优化，可以减少造型的复杂程度。
- **优化路径：** 勾选该复选框，会对路径进行优化，可以减少造型的复杂程度。
- **自适应路径步数：** 可以确定是否对路径进行优化处理。
- **翻转法线：** 勾选该复选框，翻转法线以使生成的面可见。
- **变换降级：** 如果取消勾选该复选框，在对放样的子物体进行编辑时，会将放样对象隐藏显示，该复选框默认为勾选状态。

需要说明的是，放样可以选择物体的截面图形后获取路径放样物体，也可通过选择路径后获取图形的方法放样物体。在制作放样物体前，首先要创建放样物体的二维路径与截面图形。

4.4　认识修改器

修改器就是附加到二维图形、三维模型或者其他对象上，可以使它们产生变化的工具。通常将修改器应用于建模中。修改器可以让模型的外观产生很大的变化，例如扭曲的模型、弯曲的模型、晶格装的模型等都适合使用修改器进行制作。

4.4.1　修改器堆栈

修改器堆栈是修改面板上的列表，可以理解为修改的历史记录，这里可以清楚地看到对物体修改的过程，如右图所示，要进入哪个修改器直接单击目录，即可进入相关卷展栏进行参数的更改。

在修改器堆栈卷展栏下方法有一排工具按钮，使用它们可以管理堆栈，下面对这些工具进行介绍：

- **锁定堆栈** ：将堆栈和修改器面板上所有控件锁定到选定对象的堆栈。即使选择了视口中的另一个对象，也可以继续对锁定堆栈的对象进行编辑。
- **显示最终结果** ：启用此选项后，会在选定的对象上显示整个堆栈的效果。禁用此选项后，仅会显示当前高亮修改器堆栈的效果。
- **使唯一** ：使实例化对象唯一，或者使实例化修改器对于选定的对象唯一。
- **从堆栈中移除修改器** ：从堆栈中删除当前的修改器，从而消除由该修改器引起的所有更改。
- **配置修改器集** ：单击将显示一个弹出菜单，通过该菜单，用户可以配置如何在修改面板中显示和选择修改器。

4.4.2　二维图形的常用修改器

下面将对二维模型中常用的几种修改器进行介绍，如编辑样条线、车削、倒角、挤出、倒角剖面等。

1. 挤出修改器

挤出修改器建模的方法是为闭合的二维图形增加厚度，将其拉伸成三维的几何实体。其对应的对象是闭合的二维图形，对于没有闭合的二维图形，其拉伸出来的是一个片面物体。

挤出修改器的"参数"卷展栏如右图所示，各属性含义介绍如下：

- **数量**：用于设置挤出来的厚度。
- **分段**：用于设置厚度方向上的分段数。
- **封口始端**：用于顶面的显示与渲染。
- **封口末端**：用于底面的显示与渲染。

2. 车削修改器

车削修改器建模是通过旋转的方法，利用二维图形生成三维实体模型，常用来制作高度对称的物体。其"参数"卷展栏如下左图1所示。其中，各属性含义介绍如下：

- **度数**：用于设置车削旋转的度数。
- **焊接内核**：将轴心重合的顶点进行焊接，旋转中心轴的地方将产生光滑的效果，得到平滑无缝的模型，简化网格面。
- **分段**：用于设置车削出来的物体截面的分段数。
- **封口**：旋转模型起止端是否具有端盖以及端盖的方式。
- **方向**：用于车削的旋转轴。
- **对齐**：用于设置旋转轴和对象顶点的对齐方式。

3. 倒角修改器

倒角修改器建模的方法是对二维图形进行拉伸变形，并且在拉伸变形的同时，在边界上加入直形或圆形的倒角。"倒角"命令主要用于二维样条线的实体化操作，与"挤出"命令相似，不同的是"倒角"命令可以控制实体切角大小、方向以及挤出高度。

其卷展栏如下左图2所示，各属性含义介绍如下：

- **起始轮廓**：用于设置开始倒角的轮廓线。
- **级别**：用于设置倒角的级别数。
- **高度**：用于设置挤出的高度。
- **轮廓**：用于设置截面的偏移量。

4. 扭曲修改器

扭曲修改器可以使实体变换成麻花或螺旋状，它可以按照指定的轴进行扭曲操作，利用该修改器可以制作绳索、冰淇淋或者带有螺旋形状的立柱等。

在使用扭曲修改器后，命令面板的下方将弹出设置实体扭曲的"参数"卷展栏，如下左图3所示。下面具体介绍扭曲修改器"参数"卷展栏中各选项组的含义：

- **扭曲**：设置扭曲的角度和偏移距离。"角度"数值框，用于设置实体的扭曲角度；"偏移"数值框，用于设置扭曲向上或向下的偏向度。
- **扭曲轴**：设置实体扭曲的坐标轴。
- **限制**：限制实体扭曲范围，勾选"限制效果"复选框，将激活"限制"命令，在"上限"和"下限"值中设置限制范围，即可完成限制效果。

5. 弯曲修改器

弯曲修改器可以使物体进行弯曲变形，用户可以根据需要设置弯曲角度和方向等，也可以修改现在指定的范围内。该修改器常被用于管道变形和人体弯曲等。打开修改器列表框，选择"弯曲"选项，即可调用"弯曲"修改器，命令面板的下方将弹出修改弯曲值的"参数"卷展栏，如下右图所示。

下面具体介绍其"参数"卷展栏中各选项区域的含义：

- **弯曲**：控制实体的角度和方向值。
- **弯曲轴**：控制弯曲的坐标轴向。
- **限制**：限制实体弯曲的范围。勾选"限制效果"复选框，将激活"限制"命令，在"上限"和"下限"数值框中设置限制范围，即可完成限制效果。

  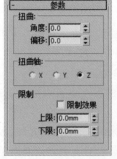 

知识点拨
用户可以在卷展栏中展开BEND列表，选择"中心"选项，返回视图区，向上或向下拖动鼠标更改限制范围。

4.5 可编辑对象

可编辑对象包括"可编辑样条线"、"可编辑多边形"和"可编辑网格"，这些可编辑对象都包含于修改器之中，在建模中是必不可少的，用户必须熟练掌握。

4.5.1 可编辑样条线

如果需要对创建的样条线的节点、线段等进行修改，首先需要转换成可编辑样条线，才可以进行编辑操作。

选择样条线并单击鼠标右键，在快捷菜单中选择"转换为>转换为可编辑样条线"命令，即可转换为可编辑样条线，在修改器堆栈栏中可以选择编辑样条线方式，如下图所示。

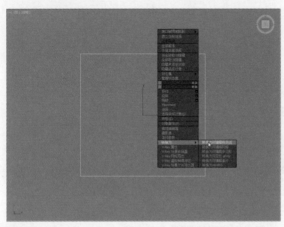

1. 顶点子对象

在顶点和线段之间创建的样条线，这些元素称为样条线子对象，将样条线转换为可编辑样条线之后，可以编辑顶点子对象、线段子对象和样条线子对象等。

在进行顶点子对象编辑之前，首先要把可编辑的样条线切换成顶点子对象，用户可以通过以下方式切换顶点子对象：

● 在可编辑样条线上单击鼠标右键，在弹出的快捷菜单中勾选"顶点"选项，如下左图所示。

● 在"修改"命令面板修改器堆栈栏中展开"可编辑样条线"卷展栏，在弹出的列表中选择"顶点"选项，如下右图所示。

在激活顶点子对象后，命令面板的下发会出现许多修改顶点子对象的选项，下面具体介绍各常用选项的含义：

- **优化**：单击该按钮，在样条线上可以创建多个顶点。
- **切角**：设置样条线切角。
- **删除**：删除选定的样条线顶点。

2. 线段子对象

激活线段子对象，即可进行编辑线段子对象操作，和编辑顶点子对象相同，激活线段子对象后，在命令面板的下方将会出现编辑线段的各选项，下面具体介绍编辑线端子对象中各常用选项的含义：

- **附加**：单击该按钮，选择附加线段，则附加过的线段将合并为一体。
- **附加多个**：在"附加多个"对话框中可以选择附加多个样条线线段。
- **横截面**：可以在合适的位置创建横截面。
- **优化**：创建多个样条线顶点。
- **隐藏**：隐藏指定的样条线。
- **全部取消隐藏**：取消隐藏选项。
- **删除**：删除指定的样条线段。
- **分离**：将指定的线段与样条线分离。

3. 样条线子对象

将创建的样条线转换成可编辑样条线之后，激活样条线子对象，在命令面板的下方也会相应地显示编辑样条线子对象的各选项。下面具体介绍编辑样条线子对象中各常用选项的含义：

- **附加**：单击该按钮，选择附加的样条线，则附加过的样条线将合并为一体。
- **附加多个**：在"附加多个"对话框中可以选择附加多个样条线。
- **轮廓**：在轮廓数值框中输入轮廓值，即可创建样条线轮廓。
- **布尔**：单击相应的布尔值按钮，然后执行布尔运算，即可显示布尔后的状态。
- **镜像**：单击相应的镜像方式，然后再执行镜像命令，即可镜像样条线，勾选下方的"复制"复选框，可以执行复制并镜像样条线命令，勾选"以轴为中心"复选框，可以设置镜像中心方式。
- **修剪**：单击该按钮，即可添加修剪样条线的顶点。
- **延伸**：将添加的修改顶点，进行延伸操作。

4.5.2 可编辑多边形

可编辑多边形是后来发展起来的一种多边形建模技术，多边形建模是由点构成边，由边构成多边形，通过多边形组合就可以制作成用户所要求的造型。如果模型中所有的面都至少与其他3个面共享一条边，该模型就是闭合的。如果模型中包含不与其他面共享边的面，该模型是开放的。

下面将对可编辑多边形的相关知识进行介绍。

1. 将对象转换为多边形对象的方法

- 右击物体或右击修改堆栈，选择"转换为可编辑多边形"命令。
- 从修改器列表中添加"编辑多边形"修改器。

2. 子物体

可编辑多边形对象包括顶点、边、边界、多边形、元素5个子对象级别，用户可以在任何一个子对象级别对模型进行深层加工。

- **顶点**：最小的子物体单元，它的变动将直接影响与之相连的网格线，进而影响整个物体的表面形态。
- **边**：三维物体关键位置上的边是很重要的子物体元素。

- **边界**：一些比较特殊的边，是指独立非闭合曲面的边缘或删除多边形产生的孔洞边缘；边框总是由仅在一侧带有面的边组成，并总是为完整循环。
- **多边形**：是由三条或多条首尾相连的边构成的最小单位的曲面。在"可编辑多边形"中多边形物体可以是三角、四边网格，也可是更多边的网格，这一点与"可编辑网格"不同。
- **元素**：可编辑多边形中每个独立的曲面。

3. 常用参数介绍

"选择"卷展栏用于设置可编辑多边形的选择方式，如右图所示，各属性含义介绍如下：

- **使用堆栈选择**：启用时，自动使用在堆栈中向上传递的任何现有子对象选择，并禁止手动更改选择。
- **按角度**：启用时，如果选择一个多边形，会基于复选框右侧的角度设置选择相邻多边形。此值确定将选择的相邻多边形之间的最大角度。仅在"多边形"子对象层级可用。
- **收缩**：取消选择最外部的子对象，对当前子物体的选择集进行收缩以减小选择区域。
- **扩大**：对当前子物体的选择集向外围扩展以增大选择区域（对于此功能，边框被认为是边选择）。
- **环形**：选择与选定边平行的所有边（仅适用边和边框）。
- **循环**：选择与选定边方向一致且相连的所有边（仅适用边和边框，并只通过四个方向的交点传播）。

当子对象为"顶点"时，将会出现"编辑顶点"卷展栏，可对选中的顶点进行编辑，如右图所示。其中，各属性含义介绍如下：

- **移除**：将所选择的节点去除（快捷键为Backspace）。
- **断开**：在选择点的位置创建更多的顶点，每个多边形在选择点的位置有独立的顶点。
- **挤出**：对选择的点进行挤出操作，移动鼠标时创建出新的多边形表面。
- **焊接**：对"焊接"对话框中指定的范围之内连续、选中的顶点进行合并，所有边都会与产生的单个顶点连接。
- **切角**：将选取的顶点切角。
- **目标焊接**：选择一个顶点，将它焊接到目标顶点。
- **连接**：在选中的顶点之间创建新的边。
- **移除孤立顶点**：将所有孤立点去除。
- **移除未使用的贴图顶点**：单击该按钮，将不能用于贴图的顶点去除。

子对象为"边"时，会出现"编辑边"卷展栏，如右图所示，各属性含义介绍如下：

- **插入顶点**：在可见边上插入点，将边进行细分。
- **移除**：删除选定边并组合使用这些边的多边形。
- **分割**：沿选择的边将网格分离。
- **目标焊接**：用于选择边并将其焊接到目标边。
- **连接**：在每对选定边之间创建新边。只能连接同一多边形上的边，不会让新的边交叉。如选择四边形四个边进行连接，则只连接相邻边，生成菱形图案。
- **利用所选内容创建图形**：根据需要选择一条或多条边创建新的曲线。
- **编辑三角形**：四边形内部边重新划分。
- **旋转**：通过单击对角线修改多边形细分为三角形的方式，在指定时间，每条对角线只有两个可用的位置。连续单击某条对角线两次时，可恢复到原始的位置处。通过更改临近对角线的位置，会为对角线提供另一个不同位置。

子对象为"边界"时，会出现"编辑边界"卷展栏，如下左图所示，各属性含义介绍如下：

- **封口**：使用单个多边形封住整个边界环。
- **桥**：使用多边形的"桥"连接对象的两个边界。

子对象为"多边形"时，会出现"编辑多边形"卷展栏，如下中图所示，各属性含义介绍如下：

- **挤出**：当点、边、边框、多边形等子物体直接在视口中操纵时，可以执行手动挤出操作；单击"挤出"按钮后，精确设置挤出选定多个多边形时，如果拖动任何一个多边形，将会均匀地挤出所有的选定多边形。
- **轮廓**：用于增加或减小选定多边形的外边。执行"挤出"或"倒角"命令，可用"轮廓"功能调整挤出面的大小。
- **倒角**：对选择的多边形进行挤压或轮廓处理。
- **插入**：拖动产生新的轮廓边并由此产生新的面。
- **翻转**：反转多边形的法线方向。
- **从边旋转**：将选择的多边形旋转，产生新的多边形（角度、段数）。
- **沿样条线挤出**：使物体沿指定的样条线路径挤出。
- **编辑三角剖分**：多边形内部隐藏的边以虚线形式显示，单击对角线的顶点移动鼠标到对角的顶点位置，单击会将四边形的划分方式改变。
- **重复三角算法**：自动对多边形内部的三角形面重新计算，形成更合理的多边形划分。

"编辑几何体"卷展栏提供了许多编辑可编辑多边形的工具。只有子物体为顶点、边或边界时，才能使用"切片平面"和"快速切片"进行切片处理，其卷展栏如下右图所示。各属性含义介绍如下：

- **创建**：可将5种元素添加到选定的多边形对象上。
- **塌陷**：将选定的连续元素进行塌陷，继而进行焊接。
- **切片平面**：使用这些类似小刀的工具，可以沿着平面（切片）或在特定区域（切割）内细分多边形网格。切面平面、切片、重置平面是三个相对而出的命令，适用于可编辑多边形的5个子对象层级。
- **切割**：该命令允许在多边形表面创建任意边。
- **网格平滑**：与"网格平滑"修改器中的划分功能相似。

此外，"细分曲面"卷展栏用于设置可编辑多边形使用的平滑方式和平滑效果。"绘制变形"卷展栏对象层级可影响选定对象中的所有顶点，子对象层级，仅影响选定顶点。

4.5.3　可编辑网格

"可编辑网格"与"可编辑多边形"相似，但是它具有很多"可编辑多边形"不具有的命令与功能。

几何物体模型的结构是由点、线和面三要素构成的，点确定线，线组成面，面构成物体。要对物体进行编辑，必须将几何物体转换为由可编辑的点、线、面组成的网格物体。通常，将可编辑的点、线、面称为网格物体的次对象。

1. 认识可编辑网格

一个网格模型由点、线、面、元素等组成。"编辑网格"包括许多工具，可对物体的各组成部分进行修改。

四种功能：转换（将其它类型的物体转换为网格体）、编辑（编辑物体的各元素）、表面编辑（设置材质ID、平滑群组）、选择集（将"编辑网格"工具设在选择集上、将次选择集传送到上层修改）。

2. 将模型转换为可编辑网格的方法

方法1：将对象转换为可编辑网格。右击物体，选择"转换为可编辑网格体"命令，失去建立历史和修改堆栈，面板同"编辑网格"。

方法2：使用编辑网格编辑修改器。在修改列表中选择"编辑网格"命令，可进行各种次物体修改，不会失去底层修改历史。

"编辑网格"命令与"可编辑网格"对象的所有功能相匹配，只是不能在"编辑网格"设置子对象动画；为物体添加"编辑网格"修改器后，物体创建时的参数仍然保留，可在修改器中修改它的参数；而将其塌陷成可编辑网格后，对象的修改器堆栈将被塌陷，即在此之前对象的创建参数和使用的其他修改器将不再存在，直接转变为最后的操作结果。

3. 修改模式

可编辑网格对象包括顶点、边、面、多边形和元素5个子对象级别，用户可以在任意一个子对象级别下编辑对象。

- **顶点**：物体最基本的层级，移动时会影响它所在的面。
- **边**：连接两个节点的可见或不可见的一条线，是面的基本层级，两个面可共享一条边。
- **面**：由3条边构成的三角形面。
- **多边形**：由4条边构成的面。
- **元素**：网格物体中以组为单位的连续的面构成元素。是一个物体内部的一组面，它的分割依据来源于是否有点或边相连。独立的一组面，即可作为元素。

知识延伸：FFD修改器

FFD修改器不仅可以空间扭曲物体，还可以作为基本变动修改工具，来灵活地弯曲物体表面。FFD修改器分为多种方式，比如FFD 2×2×2、FFD 3×3×3、FFD 4×4×4、FFD（圆柱体）、FFD（长方体）等。它们的功能与使用方法基本一致，只是控制点数量与控制形状略有变化。

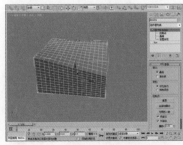

FFD 2×2×2

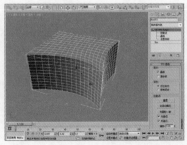

FFD 3×3×3

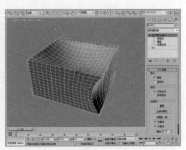

FFD 4×4×4

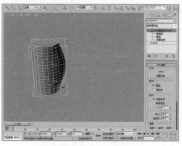
FFD（圆柱体）4×6×4

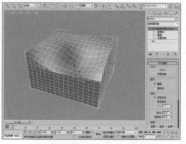
FFD（长方体）4×4×4

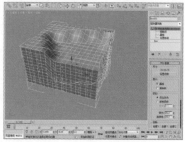
FFD（长方体）10×10×10

上机实训：创建茶杯模型

下面将利用本章所学习的操作知识来制作一个茶杯模型，操作方法如下：

步骤 01 启动3ds Max 2016软件，在"图形"面板中单击"线"按钮后，在前视图中绘制一段线条，如下图所示。

步骤 02 进入修改命令面板，打开"顶点"层级，设置顶点类型并调整图形，如下图所示。

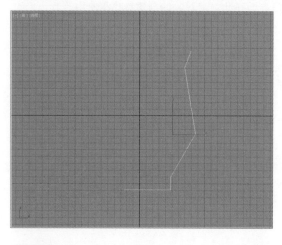

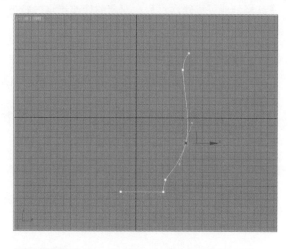

步骤 03 进入"样条线"层级，在"几何体"卷展栏中设置轮廓值为3，按回车键确认，制作出轮廓厚度，如下图所示。

步骤 04 移动到图形顶端，选择顶部的两个顶点，如下图所示。

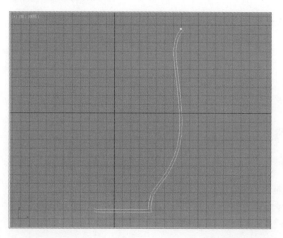

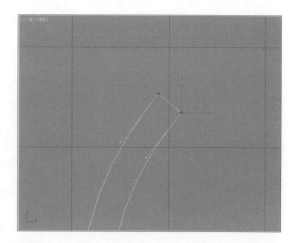

步骤 05 单击"几何体"卷展栏中的"圆角"按钮，按住鼠标左键并拖动，为两个顶点执行圆角操作，如下图所示。

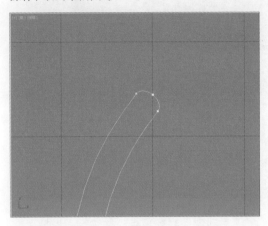

步骤 07 在"修改器"列表中选择"车削"选项，在"参数"卷展栏"对齐"面板中单击"最小"按钮，再设置分段数为18，制作出的杯身模型如下图所示。

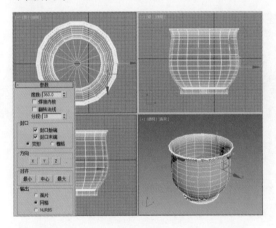

步骤 09 进入"多边形"层级，在透视视图中选择4块面，如下图所示。

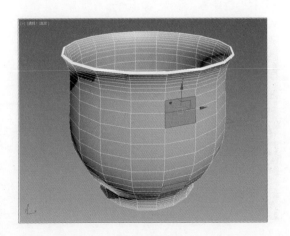

步骤 06 再移动到杯子底部，调整杯子底部形状，如下图所示。

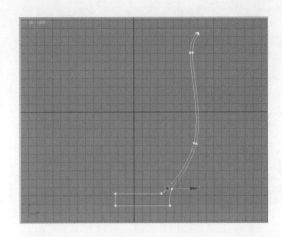

步骤 08 选择杯身模型并单击鼠标右键，在弹出的快捷菜单中选择"转换为＞转换为可编辑多边形"命令，如下图所示。

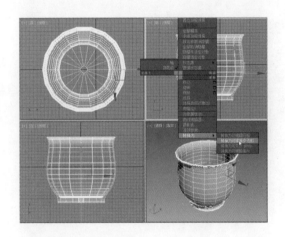

步骤 10 在"编辑多边形"列表中单击"挤出"设置按钮，设置挤出尺寸为20，即可看到挤出预览效果，如下图所示。

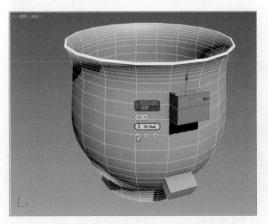

步骤 11 进入"顶点"层级，调整挤出部分形状，如下图所示。

步骤 12 按照上述操作多次进行"挤出"操作，并调整图形，制作出大致的把手造型，如下图所示。

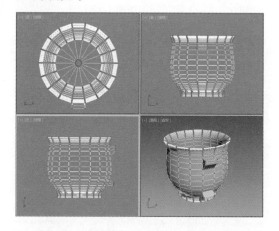

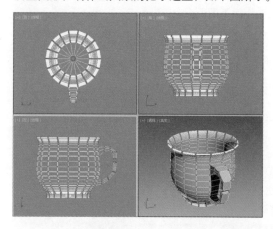

步骤 13 进入"多边形"层级，删除上下把手相对的多边形，再回到"顶点"层级，如下图所示。

步骤 14 手动调整对齐顶点，并进行"焊接"操作，将茶杯提手上下相接，接着在"修改器"列表中选择"网格平滑"命令，在"细分量"卷展栏中设置迭代次数值为3，其余为默认设置，如下图所示。

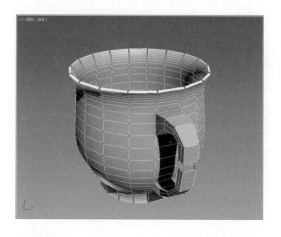

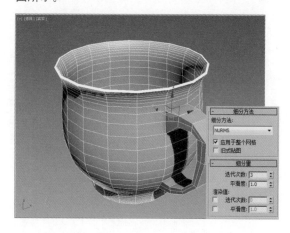

步骤 15 即可看到茶杯模型表面变得光滑细致，如下图所示。

步骤 16 单击"渲染"按钮，渲染茶杯，效果如下图所示。关于模型的渲染方法与技巧，将在后面章节会进行详细介绍。

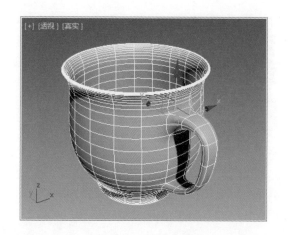

课后练习

1. 选择题

(1) Edit Spline中可以进行正常布尔运算的次物体层级为_____。

    A. Vertex   B. Edge   C. Line   D. Spline

(2) NURBS曲线造型包括_____线条类型。

    A. 1   B. 2   C. 3   D. 4

(3) 使用_____修改器可以使物体表面变得光滑。

    A. Face Extrude   B. Surface Properties   C. Mesh Smooth   D. Edit Mesh

(4) 下面关于编辑修改器的说法正确的是_____。

    A. 编辑修改器只可以作用于整个对象

    B. 编辑修改器只可以作用于对象的某个部分

    C. 编辑修改器可以作用于整个对象，也可以作用于对象的某个部分

    D. 以上都不正确

(5) 以下_____参数用于控制Extrude（拉伸）物体的厚度。

    A. Amount   B. Segments   C. Capping   D. Output

2. 填空题

(1) 放样物体的变形修改包括_____五种类型。

(2) 编辑样条曲线的过程中，只有进入了_____次物体级别，才可能使用"轮廓线"命令。若要将生成的轮廓线与原曲线拆分为两个二维图形，应使用_____命令。

(3) 布尔运算合成建模时，要得到两个物体相交的部分，应使用_____方式。

(4) 若用户已经选择了路径，则在"放样"面板中应激活_____按钮，在视图中选择截面图形进行放样。

(5) 在Boolean中，_____运算可以取两个几何物体的公共部分。

3. 操作题

用户课后可以综合运用多种建模方法创建床模型，参考图片如下。

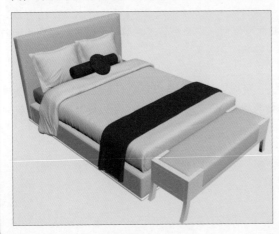 

摄影机技术

本章概述

3ds Max中的摄影机与现实世界中的摄影机十分相似。摄影机的位置、摄影角度、焦距等都可以调整，这样不仅方便观看场景中各部分的细节，还可以利用摄影机的移动创建浏览动画。另外使用摄影机还可以制作一些特殊效果，如景深、运动模糊等。

核心知识点

❶ 摄影机的基本知识
❷ 标准摄影机的介绍
❸ VRay摄影机的介绍

5.1 3ds Max摄影机

摄影机好比人的眼睛，通过摄影机用户可以观察场景对象，布置灯光，调整材质所创作的效果。本节主要介绍摄影机的相关基本知识与实际应用操作等。

5.1.1 认识摄影机

真实世界中的摄影机是使用镜头将环境反射的灯光聚焦到具有灯光敏感性曲面的焦点平面，3ds Max中摄影机相关的参数主要包括焦距和视野。

（1）焦距

焦距是指镜头和灯光敏感性曲面的焦点平面间的距离。焦距影响成像对象在图片上的清晰度，焦距越小，图片中包含的场景越多；焦距越大，图片中包含的场景越少，但显示远距离成像对象的更多细节。

（2）视野

视野控制摄影机可见场景的数量，以水平线度数进行测量，例如35mm的镜头显示水平线约为54°。视野与焦距有着直接关系，焦距越大则视野越窄，焦距越小则视野越宽。

5.1.2 摄影机的操作

在3ds Max中，可以通过多种方法创建摄影机，并能够使用移动和旋转工具对摄影机进行移动和定向操作，同时应用预置的各种镜头参数来控制摄影机的观察范围和效果。

（1）摄影机的移动和旋转

对摄影机进行移动操作时，通常针对目标摄影机，可以对摄影机与摄影机目标点分别进行移动操作。由于目标摄影机被约束指向其目标，无法沿着其自身的 X 和 Y 轴进行旋转，所以旋转操作主要针对自由摄影机。

（2）摄影机常用参数

摄影机的常用参数主要包括镜头的选择、视野的设置、大气范围和裁剪范围的控制等多个参数。

5.2 标准摄影机

摄影机可以从特定的观察点来表现场景，模拟真实世界中的静止图像、运动图像或视频，并能够制作某些特殊的效果，如景深和运动模糊等。3ds Max 2016提供了三种摄影机类型，包括物理摄影机、目标摄影机和自由摄影机。

5.2.1　物理摄影机

　　物理摄影机模拟用户熟悉的真实摄影机设置，例如快门速度、光圈、景深和曝光。借助增强的控件和额外的视口内反馈，让创建逼真的图像和动画变得更加容易。

　　(1) 基本参数

　　"基本"参数卷展栏如右图所示。其中，各参数的含义介绍如下：

- **目标**：启用该选项后，摄影机包括目标对象，并与目标摄影机的行为相似。
- **目标距离**：设置目标与焦平面之间的距离，会影响聚焦、景深等。
- **显示圆锥体**：在显示摄影机圆锥体时可选择"选定时"、"始终"或"从不"。
- **显示地平线**：启用该选项后，地平线在摄影机视口中显示为水平线（假设摄影机帧包括地平线）。

　　(2) 物理摄影机参数

　　"物理摄影机"参数卷展栏如右图所示。其中，各参数的含义介绍如下：

- **预设值**：选择胶片模型或电荷耦合传感器。选项包括35mm（全画幅）胶片（默认设置），以及多种行业标准设置，每个设置都有其默认宽度值，"自定义"选项用于选择任意宽度。
- **宽度**：可以手动调整帧的宽度。
- **焦距**：设置镜头的焦距，默认值为40mm。
- **指定视野**：启用该选项后，可以设置新的视野值。默认的视野值取决于所选的胶片/传感器预设值。
- **缩放**：在不更改摄影机位置的情况下缩放镜头。
- **光圈**：将光圈设置为光圈数或"F制光圈"。此值将影响曝光和景深，光圈值越低，光圈越大并且景深越窄。
- **镜头呼吸**：通过将镜头向焦距方向移动或远离焦距方向来调整视野。镜头呼吸值为0.0表示禁用此功能，默认值为10。
- **启用景深**：启用该选项后，摄影机在不等于焦距的距离上生成模糊效果。景深效果的强度基于光圈设置。
- **类型**：选择测量快门速度使用的单位，帧（默认设置），通常用于计算机图形；分或分秒，通常用于静态摄影；度，通常用于电影摄影。
- **持续时间**：根据所选的单位类型设置快门速度。该值可能影响曝光、景深和运动模糊。
- **偏移**：启用该选项后，指定相对于每帧的开始时间的快门打开时间，更改此值会影响运动模糊。
- **启用运动模糊**：启用该选项后，摄影机可以生成运动模糊效果。

　　(3) 曝光参数

　　"曝光"参数卷展栏如右图所示。其中，各参数的含义介绍如下：

- **曝光控制已安装**：单击该按钮使物理摄影机曝光控制处于活动状态。
- **手动**：通过ISO值设置曝光增益。当选中该单选按钮，通过此值、快门速度和光圈设置计算曝光。该数值越高，曝光时间越长。
- **目标**：设置与三个摄影曝光值的组合相对应的单个曝光值。每次增加或降低EV值，对应的也会分别减少或增加有效的曝光，因此，值越高，生成的图像越暗，值越低，生成的图像越亮。默认设置为6.0。
- **光源**：按照标准光源设置色彩平衡。
- **温度**：以色温形式设置色彩平衡，以开尔文度数表示。
- **自定义**：用于设置任意色彩平衡。单击色块打开"颜色选择器"对话框，可以从中设置希望使用的颜色。
- **启用渐晕**：勾选该复选框后，渲染模拟出现在胶片平面边缘的变暗效果。

- **数量**：增加此数量以增加渐晕效果。

（4）散景（景深）参数

散景（景深）参数卷展栏如右图所示。其中，各参数的含义介绍如下：

- **圆形**：散景效果基于圆形光圈。
- **叶片式**：散景效果使用带有边的光圈。使用"叶片"值设置每个模糊圈的边数，使用"旋转"值设置每个模糊圈旋转的角度。
- **自定义纹理**：使用贴图来用图案替换每种模糊圈。
- **中心偏移（光环效果）**：使光圈透明度向中心（负值）或边（正值）偏移。正值会增加焦点区域的模糊量，而负值会减小模糊量。
- **光学渐晕（CAT眼睛）**：通过模拟猫眼效果使帧呈现渐晕效果。
- **各向异性（失真镜头）**：通过垂直（负值）或水平（正值）拉伸光圈模拟失真镜头效果。

5.2.2 目标摄影机

目标摄影机用于观察目标点附近的场景内容，它包括摄影机和目标两部分，可以很容易地单独进行控制调整，并分别设置动画。

1. 常用参数

目标摄影机的常用参数主要包括镜头的选择、视野的设置、大气范围和裁剪范围的控制等多个参数，右图为摄影机对象与相应的参数卷展栏。

参数卷展栏中各个参数的含义介绍如下：

- **镜头**：以毫米为单位设置摄影机的焦距。
- **视野**：用于决定摄影机查看区域的宽度，可以通过水平、垂直或对角线这3种方式测量应用。
- **正交投影**：勾选该复选框后，摄影机视图为用户视图；取消勾选该复选框后，摄影机视图为标准的透视图。
- **备用镜头**：该选项组用于选择各种常用预置镜头。
- **类型**：切换摄影机的类型，包含目标摄影机和自由摄影机两种。
- **显示圆锥体**：显示摄影机视野定义的锥形光线。
- **显示地平线**：在摄影机中的地平线上显示一条深灰色的线条。
- **显示**：显示出在摄影机锥形光线内的矩形。
- **近距/远距范围**：设置大气效果的近距范围和远距范围。
- **手动剪切**：启用该选项可以定义剪切的平面。
- **近距/远距剪切**：设置近距和远距平面。
- **多过程效果**：该选项组中的参数主要用来设置摄影机的景深和运动模糊效果。
- **目标距离**：当使用目标摄影机时，设置摄影机与其目标之间的距离。

2. 景深参数

景深是多重过滤效果，通过模糊到摄影机焦点某距离处帧的区域，使图像焦点之外的区域产生模糊效果。

景深的启用和控制，主要在摄影机参数面板的"多过程效果"选项组和"景深参数"卷展栏中进行设置，如右图所示。其中，各参数的含义介绍如下：

- **使用目标距离**：启用该选项后，系统会将摄影机的目标距离用作每个过程偏移摄影机的点。
- **焦点深度**：当取消勾选"使用目标距离"复选框，该选项可以用来设置摄影机的偏移深度。

- **显示过程**：启用该选项后，在"渲染帧窗口"对话框中将显示多个渲染通道。
- **使用初始位置**：启用该选项后，第一个渲染过程将位于摄影机的初始位置。
- **过程总数**：设置生成景深效果的过程数。增大该值可以提高效果的真实度，但是会增加渲染时间。
- **采样半径**：设置生成的模糊半径。数值越大，模糊越明显。
- **采样偏移**：设置模糊靠近或远离"采样半径"的权重。增加该值将增加景深模糊的数量级，从而得到更加均匀的景深效果。
- **规格化权重**：启用该选项后可以产生平滑的效果。
- **抖动强度**：设置应用于渲染通道的抖动程度。
- **平铺大小**：设置图案的大小。
- **禁用过滤**：启用该选项后，系统将禁用过滤的整个过程。
- **禁用抗锯齿**：启用该选项后，可以禁用抗锯齿功能。

3. 运动模糊参数

运动模糊可以通过模拟实际摄影机的工作方式，增强渲染动画的真实感。摄影机有快门速度，如果在打开快门时物体出现明显的移动情况，胶片上的图像将变模糊。

在摄影机的参数面板中选择"运动模糊"选项时，会打开相应的参数卷展栏，用于控制运动模糊效果，如右图所示。各参数的含义介绍如下：

- **显示过程**：启用该选项后，在"渲染帧窗口"对话框中将显示多个渲染通道。
- **过程总数**：用于生成效果的过程数。增加此值可以增加效果的精确性，但渲染时间会更长。
- **持续时间**：用于设置在动画中将应用运动模糊效果的帧数，以便其显示出在当前帧的前后帧中更多的内容。
- **偏移**：设置模糊的偏移距离。
- **抖动强度**：控制应用于渲染通道的抖动程度，增加此值会增加抖动量，并且生成颗粒状效果，尤其在对象的边缘上。
- **瓷砖大小**：设置图案的大小。

5.2.3 自由摄影机

自由摄影机在摄影机指向的方向查看区域，与目标摄影机非常相似，就像目标聚光灯和自由聚光灯的区别。不同的是自由摄影机比目标摄影机少了一个目标点，自由摄影机由单个图标表示，可以更轻松地设置摄影机动画。其参数卷展栏如下图所示。

5.3 VRay摄影机

VRay摄影机是安装了VR渲染器后新增加的一种摄影机。VRay 渲染器提供了VRay 穹顶摄影机和VRay 物理摄影机两种摄影机。

5.3.1 VRay穹顶摄影机

VRay穹顶摄影机主要用于渲染半球圆顶的效果，通过"翻转X"、"翻转Y"和fov 选项可以设置摄影机参数。创建并确定摄影机为选中状态，打开"修改"选项卡，在命令面板的下方将弹出参数设置卷展栏，如右图所示。

下面具体介绍设置VRay穹顶摄影机各参数的含义：

- **翻转X**：使渲染图像在X坐标轴上翻转。
- **翻转Y**：使渲染图像在Y坐标轴上翻转。
- **fov**：设置摄影机的视觉大小。

5.3.2 VRay物理摄影机

VRay 物理摄影机和3ds Max自带的摄影机相比，它能模拟真实成像，更轻松地调节透视关系，单靠摄影机就能控制曝光，另外还有许多非常不错的其他特殊功能和效果。简单地讲，如果发现灯光不够亮，直接修改VRay 摄影机的部分参数就能提高画面质量，而不用重新修改灯光的亮度。

VRay 物理摄影机的"基本参数"卷展栏，如右图所示。其中，各参数的含义介绍如下：

- **类型**：VRay 物理摄影机内置了3 种类型的摄影机，用户根据需要进行选择。
- **目标**：勾选此复选框，摄影机的目标点将放在焦平面上。
- **胶片规格**：控制摄影机看到的范围，数值越大，看到的范围也就越大。
- **焦距**：控制摄影机的焦距。
- **缩放因子**：控制摄影机视口的缩放。
- **光圈数**：用于设置摄影机光圈的大小。数值越小，渲染图片亮度越高。
- **目标距离**：摄影机到目标点的距离，默认情况下不启用此选项。
- **焦点距离**：控制焦距的大小。
- **光晕**：模拟真实摄影机的光晕效果。
- **白平衡**：控制渲染图片的色偏。
- **自定义平衡**：自定义图像颜色色偏。
- **快门速度**：控制进光时间，数值越小，进光时间越长，渲染图片越亮。
- **快门角度**：只有选择电影摄影机类型此项才激活，用于控制图片的明暗。
- **快门偏移**：只有选择电影摄影机类型此项才激活，用于控制快门角度的偏移。
- **延迟**：只有选择视频摄影机类型此项才激活，用于控制图片的明暗。
- **胶片速度**：控制渲染图片亮暗。数值越大，表示感光系数越大，图片也就越暗。

知识延伸：摄影机跟踪器

"摄影机跟踪器"工具可用于设置场景摄影机移动的动画，用于拍摄背景影片或视频的真实摄影机的移动匹配。正确匹配 3ds Max 摄影机后，就可以渲染计算机建模场景的动画、匹配的电影胶片、该场景比例正确地结合背景视频。

打开实用程序卷展栏，如下左图所示。单击"更多"按钮，打开"实用程序"对话框，从中选择"摄影机跟踪器"选项，如下中图所示。单击"确定"按钮后，即可打开摄影机跟踪器设置面板，如下右图所示。随后根据场景中的摄影机进行跟踪。

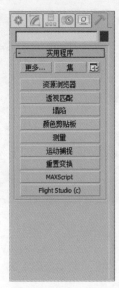  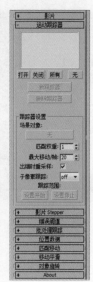

摄影机跟踪器通过跟踪影片中一组选定的特征点来进行工作。这些特征点可以是拍摄电影时放置在影片中的标记，或者与明显位置对比的任何点，如窗角或柱顶。在要跟踪帧的范围内特征点需要保持可见，并且不能彻底更改颜色或图形。

首先，在拍摄场景中获得从某一零点到这些特征点位置的准确真实的测量值。然后，将使用这些测量值在 3ds Max 场景中创建摄影机点（摄影机点辅助对象）。最后，将这些摄影机点放置在跟踪特征点的3D 位置，并将跟踪器 Gizmo 指定给它们。摄影机跟踪器使用组合信息逐帧跟踪摄影机。

 上机实训：为场景创建摄影机

通过对上述知识的学习与了解，接下来将通过具体实例来练习使用摄像机。

步骤 01 打开已经创建好的餐厅场景，此时场景已将光源和材质设置完成，如下图所示。

步骤 02 单击3ds Max自带的目标摄像机按钮，在场景中创建一个镜头为24mm的目标摄像机并调整角度和位置，如下图所示。

 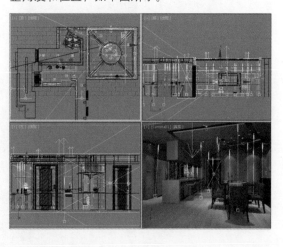

步骤 03 渲染目标摄像机视口，得到如下图所示的效果。

步骤 04 打开VRay摄像机创建命令面板，在顶视口中创建一盏VRay物理摄像机，并调整相机头及目标点的位置，如下图所示。

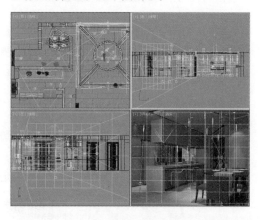

步骤 05 渲染摄影机视口，可以看到场景是漆黑的，如下图所示。

步骤 06 在"基本参数"卷展栏中设置相机参数，将"快门速度"设置为40，渲染VRay物理摄像机视口，渲染的图片亮度得到提高，但是整体仍然偏暗，如下图所示。

步骤 07 在"基本参数"卷展栏中将"光圈数"设置为4，渲染VRay物理摄像机视口，渲染的图片亮度得到再次提高，如下图所示。

步骤 08 在"基本参数"卷展栏中将"胶片速度"设置为200，渲染VRay物理摄像机视口，渲染效果又要亮了一些，如下图所示。

步骤 09 再综合进行调整，设置胶片规格、焦距及光圈数，渲染VRay物理摄像机视口，渲染效果如右图所示。

课后练习

1. 选择题

(1) 在3ds Max中，最大化视图与最小化视图切换的快捷方式默认为_____。

    A. F9   B. 1   C. Alt+W   D. Shift+A

(2) 摄影机参数中，以下哪个是正确的_____。

    A. 当设置"显示圆锥体"选项后，摄影机能够被渲染

    B. 当勾选"显示地平线"复选框，一定能看到地平线

    C. 即使设置了以上两个，渲染结果不会受到影响

    D. 设置了以上两个，将会显示两个

(3) 摄影机校正修改器使用的是以下哪种透视方式_____。

    A. 一点透视   B. 三点透视   C. 两点透视   D. 无透视

(4) Camera视窗是代表什么视窗_____。

    A. 透视视图   B. 用户视图   C. 摄像机视图   D. 顶视图

(5) 若在场景中架设了摄像机，哪个快捷键可以快速转化成摄像机视图_____。

    A. K   B. H   C. C   D. J

2. 填空题

(1) 在摄像机参数中可用于控制镜头尺寸大小的是_____和_____。

(2) 3ds Max提供了_____和_____两种类型的摄影机。

(3) 景深特效是运用了_____效果生成的。

(4) VRay穹顶摄影机通常被用于渲染_____效果。

3. 操作题

试着为创建完毕的模型创建摄影机并调整参数，参考图片如右图所示。

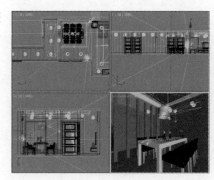

本章概述

材质是三维世界的一个重要概念，是对现实世界中
各种材质视觉效果的模拟。在3ds Max中创建一个
模型，其本身不具备任何表面特征，但是通过材质
自身的参数控制可以模拟现实世界中的种种视觉效
果。本章将对材质编辑器、材质贴图的设置等内容
进行介绍。

核心知识点

❶ 材质管理器的使用
❷ 基本材质类型及VR材质类型
❸ 3ds Max贴图的使用

6.1　材质编辑器

　　材质主要用于描述对象如何反射和传播光线，材质中的贴图主要用于模拟对象质地、提供纹理图
案、反射、折射等其他效果（贴图还可以用于环境和灯光投影）。本节就对材质的相关知识，以及材质在
实际操作中的运用、管理等内容进行介绍。

6.1.1　设计材质

　　在3ds Max 2016中，材质的具体特性都可以进行手动控制，如漫反射、高光、不透明度、反射/折射以
及自发光等，并允许用户使用预置的程序贴图或外部的位图贴图来模拟材质表面纹理或制作特殊效果。

　　（1）材质的基本知识

　　材质用于描述对象如何反射或透射灯光，其属性也与灯光属性相辅相成，最主要的属性为漫反射颜
色、高光颜色、不透明度和反射/ 折射。

　　（2）材质编辑器

　　在3ds Max 2016中，材质的设计制作是通过材质编辑器来完成的，在材质编辑器中，用户可以为对
象选择不同的着色类型和不同的材质组件，还能使用贴图来增强材质，并通过灯光和环境使材质产生更
逼真自然效果。

　　材质编辑器提供创建和编辑材质、贴图的所有功能，通过材质编辑器可以将材质应用到3ds Max的场
景对象。

　　（3）材质的着色类型

　　材质的着色类型是指对象曲面响应灯光的方式，只有特定的材质类型才可以选择不同的着色类型。

　　（4）材质类型组件

　　每种材质都属于一种类型，默认类型为"标准"，其他的材质类型都有特殊的用途。

　　（5）贴图

　　使用贴图可以将图像、图案、颜色调整等其他特殊效果应用到材质的漫反射或高光等任意位置。

　　（6）灯光对材质的影响

　　灯光和材质组合在一起使用，才能使对象表面产生真实的效果，灯光对材质的影响因素主要包括灯
光强度、入射角度和距离。

　　（7）环境颜色

　　在制作材质时，只有当选择的颜色和其他属性看起来如同真实世界中的对象时，材质才能给场景增
加更大的真实感，特别是在不同的灯光环境下。

6.1.2 材质编辑器

材质编辑器是一个独立的窗口，通过材质编辑器可以将材质赋予3ds Max的场景对象。材质编辑器可以通过单击主工具栏中的按钮或执行"渲染"菜单中的命令打开，下左图为材质编辑器。

1. 示例窗

使用示例窗可以预览材质和贴图，每个窗口可以预览单个材质或贴图。将材质从示例窗拖动到视口中的对象上，可以将材质赋予场景对象。

示例窗中样本材质的状态主要有3种，其中，实心三角形表示已应用于场景对象且该对象被选中；空心三角形则表示应用于场景对象但对象未被选中；无三角形表示未被应用的材质，如下右图所示。

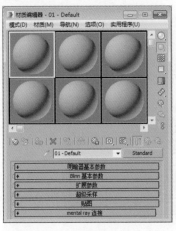
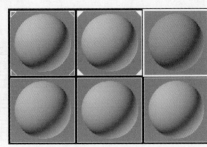

2. 工具

位于"材质编辑器"示例窗右侧和下方的是用于管理和更改贴图及材质的按钮和其他控件。其中，位于右侧的工具栏主要用于对示例窗中的样本材质球进行控制，如显示背景或检查颜色等。位于下方的工具主要用于材质与场景对象的交互操作，如将材质指定给对象、显示贴图应用等。

3. 参数卷展栏

在示例窗的下方是材质参数卷展栏，不同的材质类型具有不同的参数卷展栏，如右图所示。在各种贴图层级中，也会出现相应的卷展栏，这些卷展栏可以调整顺序。

6.1.3 材质的管理

材质的管理主要通过"材质/贴图浏览器"对话框实现，可执行制作副本、存入库、按类别浏览等操作，右图为"材质/贴图浏览器"对话框。

各参数的含义介绍如下：

- **文本框**：在文本框中可输入文本，便于快速查找材质或贴图。
- **示例窗**：当选择一个材质类型或贴图时，示例窗中将显示该材质或贴图的原始效果。
- **浏览自**：该选项组提供的选项用于选择材质/贴图列表中显示的材质来源。
- **显示**：可以过滤列表中的显示内容，如不显示材质或不显示贴图。
- **工具栏**：第一部分按钮用于控制查看列表的方式，第二部分按钮用于控制材质库。

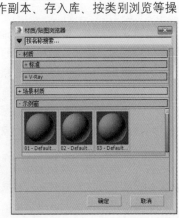

● **列表**：在列表中将显示3ds Max预置的场景或库中的所有材质或贴图，并允许显示材质层级关系。

提示 **"材质/贴图浏览器"对话框的应用**
"材质/贴图浏览器"的对话框无法显示"光线跟踪"或"位图"等需要环境或外部文件才有效果的材质或贴图。

6.2　材质类型

3ds Max 2016共提供了16种材质类型，每一种材质都具有相应的功能，如默认的"标准"材质可以表现大多数真实世界中的材质，或适合表现金属和玻璃的"光线跟踪"材质等，本节将对材质类型的相关知识进行详细介绍。

6.2.1　"标准"材质

"标准"材质是最常用的材质类型，可以模拟表面单一的颜色，为表面建模提供非常直观的方式。使用"标准"材质时可以选择各种明暗器，为各种反射表面设置颜色以及使用贴图通道等，这些设置都可以在参数卷展栏中进行，如下图所示。

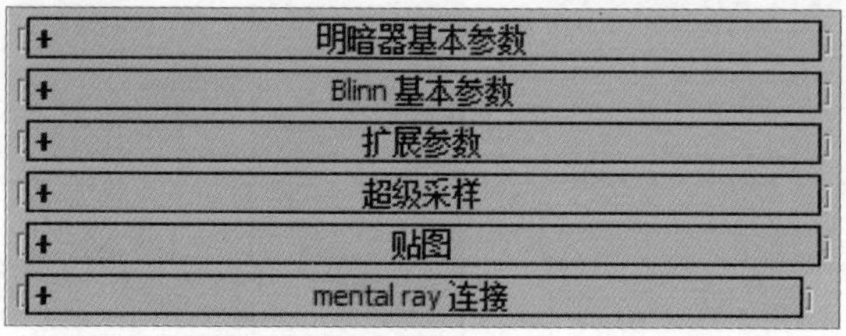

+	明暗器基本参数
+	Blinn 基本参数
+	扩展参数
+	超级采样
+	贴图
+	mental ray 连接

（1）明暗器

明暗器主要用于标准材质，可以选择不同的着色类型，以影响材质的显示方式，在"明暗器基本参数"卷展栏中可进行相关设置。各属性的含义如下：

● **各向异性**：可以产生带有非圆、具有方向的高光曲面，适用于制作头发、玻璃或金属等材质。
● **Blinn**：与Phong明暗器具有相同的功能，但它在数学上更精确，是标准材质的默认明暗器。
● **金属**：有光泽的金属效果。
● **多层**：通过层级两个各向异性高光，创建比各向异性更复杂的高光效果。
● **Oren-Nayar-Blinn**：类似Blinn，会产生平滑的无光曲面，如模拟织物或陶瓦。
● **Phong**：与Blinn类似，能产生带有发光效果的平滑曲面，但不处理高光。
● **Strauss**：主要用于模拟非金属和金属曲面。
● **半透明**：类似于Blinn明暗器，还可以用于指定半透明度，光线将在穿过材质时散射，可以使用半透明来模拟被霜覆盖的和被侵蚀的玻璃。

（2）颜色

在真实世界中，对象的表面通常反射许多颜色，标准材质使用4色模型来模拟这种现象，主要包括环境色、漫反射、高光颜色和过滤颜色。各属性的含义如下：

● **环境光**：环境光颜色是对象在阴影中的颜色。
● **漫反射**：漫反射是对象在直接光照条件下的颜色。
● **高光**：高光是发亮部分的颜色。
● **过滤**：过滤是光线透过对象所透射的颜色。

（3）扩展参数

在"扩展参数"卷展栏中提供了透明度和反射相关的参数，通过该卷展栏可以制作更具有真实效果的透明材质，如下左图所示。各属性的含义如下：

● **高级透明**：该选项组中提供的控件影响透明材质的不透明度衰减等效果。

- **反射暗淡**：该选项组提供的参数可使阴影中的反射贴图显得暗淡。
- **线框**：该选项组中的参数用于控制线框的单位和大小。

（4）贴图通道

在"贴图"卷展栏中，可以访问材质的各个组件，部分组件还能使用贴图代替原有的颜色，如下右图所示。

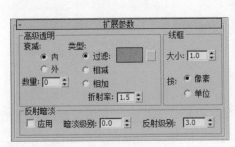

（5）其他

"标准"材质还可以通过高光控件组控制表面接受高光的强度和范围，也可以通过其他选项组制作特殊的效果，如线框等。

6.2.2 "建筑"材质

在3ds Max 2016中提供了大量的建筑材质的模板，通过调整物理性质和灯光的配和使材质达到更逼真的效果，将"材质"更改为建筑材质后，参数面板如下图所示。

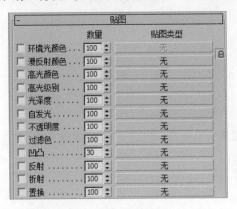

下面具体介绍参数面板中各卷展栏的含义：

- **模板**：单击用户定义列表框，在弹出的列表中选择材质名称设置当前建筑材质。
- **物理性质**：对建筑材质整体进行设置，更改材质显示效果。
- **特殊效果**：设置凹凸、置换、轻度、裁切等特殊效果值或添加相应贴图。
- **高级照明覆盖**：通过该卷展栏可以调整材质在光能传递解决方案中的行为方式。

6.2.3 "混合"材质

混合材质可以将两种不同的材质融合在一起，控制材质的显示程度，还可以制作成材质变形的动画。混合材质由两个子材质和一个遮罩组成，子材质可以是任何材质的类型，遮罩则可以访问任意贴图中的组件或者是设置位图等。它常被用于制作刻花镜、带有花样的抱枕和部分锈迹的金属等等。在使用混合材质后，参数卷展栏如右图所示。

下面具体介绍卷展栏中各参数的含义：

● **材质1和材质2**：设置各种类型的材质。默认材质为标准材质，单击右侧按钮，在弹出材质面板中可以更换材质。
● **遮罩**：使用各种程序贴图或位图设置遮罩。遮罩中较黑的区域对应材质1，较亮较白的区域对应材质2。
● **混合量**：决定两种材质混合的百分比，当参数为0时，将完全显示第一种材质，当参数为100时，将完全显示第二种材质。
● **混合曲线**：影响进行混合的两种颜色之间变换的渐变或尖锐程度，只有制定遮罩贴图后，才会影响混合。

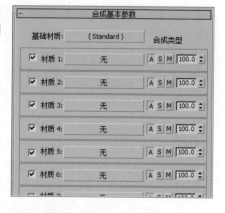

6.2.4 "合成"材质

"合成"材质最多可以合成10种材质，按照在卷展栏中列出的顺序从上到下叠加材质。它可通过增加不透明度、相减不透明度来组合材质，或使用"数量"值来混合材质，右图为"合成"材质的参数卷展栏。其中，各参数的含义介绍如下：

● **基础材质**：指定基础材质，其他材质将按照从上到下的顺序，通过叠加在此材质上合成的效果。
● **材质1～材质9**：包含用于合成材质的控件。
● **A**：激活该按钮，该材质使用增加的不透明度，材质中的颜色基于其不透明度进行汇总。
● **S**：激活该按钮，该材质使用相减不透明度，材质中的颜色基于其不透明度进行相减。
● **M**：激活该按钮，该材质基于数量混合材质，颜色和不透明度将按照使用无遮罩混合材质时的样式进行混合。
● **数量微调器**：用于控制混合的数量，默认设置为100.0。

6.2.5 "双面"材质

使用"双面"材质可以为对象的前面和后面指定两个不同的材质，右图为"双面"材质的参数卷展栏。

在"双面"材质的相关参数卷展栏中，只包括半透明、正面材质和背面材质3个选项，如右图所示。

其中，各选项的含义介绍如下：

● **半透明**：用于一个材质通过其他材质显示的数量，范围为0～100。
● **正面材质**：用于设置正面的材质。
● **背面材质**：用于设置背面的材质。

6.2.6 "多维/子对象"材质

多维/子对象材质是将多个材质组合到一个材质当中，将物体设置不同的ID材质后，使材质根据对应的ID号赋予到指定物体区域上。该材质常被用于包含许多贴图的复杂物体上。在使用多维/子对象后，参数卷展栏如下页右图所示。

多维/子对象参数卷展栏中的参数并不多,其中,各参数的含义介绍如下:

- **设置数量**:用于设置子材质的参数,单击该按钮,即可打开"设置材质数量"对话框,在其中可以设置材质数量。
- **添加**:单击该按钮,在子材质下方将默认添加一个标准材质,然后进行设置。
- **删除**:删除子材质。单击该按钮,将从下向上逐一删除子材质。

6.2.7 "顶/底"材质

使用"顶/底"材质可以为对象的顶部和底部指定两个不同的材质,并允许将两种材质混合在一起,得到类似"双面"材质的效果,"顶/底"材质参数提供了访问子材质、混合、坐标等参数,其参数卷展栏如右图所示。

其中,该展卷栏中各选项的含义介绍如下:

- **顶材质**:可单击顶材质后的按钮,显示顶材质的命令和类型。
- **底材质**:可单击底材质后的按钮,显示底材质的命令和类型。
- **坐标**:用于控制对象如何确定顶和底的边界。
- **混合**:用于混合顶子材质和底子材质之间的边缘。
- **位置**:用于确定两种材质在对象上划分的位置。"混合"和"位置"参数都可以被记录成动画。

6.3 贴图

在3ds Max中包括30多种贴图,根据使用方法、效果等分为2D贴图、3D贴图、合成器、颜色修改器、其他等6大类。贴图可以模拟纹理、反射、折射及其他特殊效果,可以在不增加材质复杂度的前提下,为材质添加细节,有效改善材质的外观和真实感。

6.3.1 2D贴图

不同的贴图类型会产生不同的效果,并且有其特定的行为方式,其中2D贴图是二维图像,一般将其粘贴在几何体对象的表面,或者和环境贴图一样用于创建场景的背景。

3ds Max 2016提供的2D贴图主要包括位图、棋盘格、渐变等多种类型,下面将对常见的2D贴图进行介绍。

1. 位图

位图贴图就是将位图图像文件作为贴图使用,它可以支持各种类型的图像和动画格式,包括AVI、BMP、CIN、JPG、TIF、TGA等。位图贴图的使用范围广泛,通常用在漫反射贴图通道、凹凸贴图通道、反射贴图通道、折射贴图通道中。"位图"贴图参数卷展栏中各参数的含义如下:

- **过滤**:过滤选项组用于选择抗锯齿位图中平均使用的像素方法。
- **裁剪/放置**:该选项组中的控件可以裁剪位图或减小其尺寸,用于自定义放置。
- **单通道输出**:该选项组中的控件用于根据输入的位图确定输出单色通道的源。
- **Alpha来源**:该选项组中的控件根据输入的位图确定输出 Alpha通道的来源。

2. 棋盘格

"棋盘格"贴图可以产生类似棋盘似的，由两种颜色组成的方格图案，并允许贴图替换颜色。

该贴图的卷展栏如下左图所示，各选项的含义介绍如下：

● **柔化**：模糊方格之间的边缘，很小的柔化值就能生成很明显的模糊效果。
● **交换**：单击该按钮可交换方格的颜色。
● **颜色**：用于设置方格的颜色，允许使用贴图代替颜色。

3. 渐变

"渐变"贴图是指从一种颜色到另一种颜色进行着色，可以创建3种颜色的线性或径向渐变效果，其参数卷展栏如下右图所示。

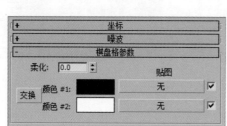
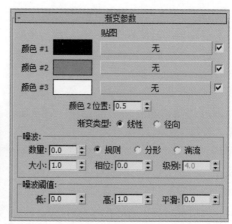

4. 渐变坡度

"渐变坡度"贴图是可以使用许多颜色的高级渐变贴图，通常用在漫反射贴图通道中，在参数卷展栏中用户可以设置渐变的颜色及每种颜色的位置，还可以利用"噪波"选项组来设置噪波的类型和大小，使渐变色的过渡看起来不是那么的规则，从而增加渐变的真实程度，其参数卷展栏如下左图所示。

5. 漩涡

"漩涡"贴图可以创建两种颜色或贴图的漩涡图案，其参数卷展栏如下右图所示。旋涡贴图生成的图案类似于两种冰淇淋的外观。如同其他双色贴图一样，任何一种颜色都可用其他贴图替换，因此大理石与木材也可以生成旋涡。

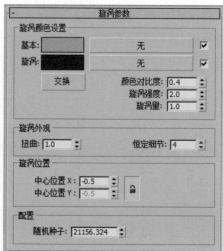

6. 平铺

平铺贴图是专门用来制作砖块效果的，常用在漫反射通道中，有时也可以用在凹凸贴图通道中。在"标准控制"卷展栏的预设类型列表中列出了一些已定义的建筑砖图案，用户也可以自定义图案，设置砖块的颜色、尺寸以及砖缝的颜色、尺寸等，其参数卷展栏如下左图所示。

7. 坐标

2D贴图都有"坐标"卷展栏，用于调整坐标参数，可以在应用贴图的对象表面移动贴图，实现其他效果，其展卷栏如下右图所示。

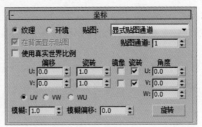

其中，各选项的含义介绍如下：

- **纹理**：用于将该贴图作为纹理贴图应用于表面。
- **在背面显示贴图**：勾选该复选框，平面贴图（对象XYZ平面，或使用"UVW贴图"修改器）穿透投影，渲染在对象背面上。
- **使用真实世界比例**：勾选该复选框，使用真实"宽度"和"高度"值而不是UV值将贴图应用于对象。
- **偏移**：在UV坐标中更改贴图的位置，移动贴图以符合它的大小。
- **瓷砖**：决定贴图沿每根轴瓷砖（重复）的次数。
- **镜像**：从左至右（U轴）或从上至下（V轴）进行镜像。
- **（镜像）瓷砖**：在U轴或V轴中启用或禁用瓷砖。
- **模糊**：以贴图离视图的距离决定贴图的锐度或模糊度，贴图距离越远，则越模糊。
- **模糊偏移**：设置贴图的锐度或模糊度，与贴图离视图的距离无关。

6.3.2 3D贴图

3D贴图是根据程序以三维方式生成的图案，三维贴图具有连续性的特点，并且不会产生接缝效果。在3ds Max中有细胞、凹痕、衰减、大理石、噪波等十多种3D贴图类型。此外，3ds Max还支持安装插件提供更多的贴图。

1. 细胞

"细胞"贴图可生成用于各种视觉效果的细胞图案，包括马赛克瓷砖、鹅卵石表面以及海洋表面等。需要说明的是，在"材质编辑器"示例窗中不能很清楚地展现细胞效果，将贴图指定给几何体并渲染场景会得到想要的效果。

2. 凹痕

"凹痕"贴图根据分形噪波产生随机图案，在曲面上生成三维凹凸效果，图案的效果取决于贴图类型。

3. 衰减

"衰减"贴图是基于几何曲面上面法线的角度衰减生成从白色到黑色的值。在创建不透明的衰减效果时，衰减贴图提供了更大的灵活性。

4. 大理石

3ds Max提供了"泼溅"和"Perlin大理石"两种类似大理石纹理的程序贴图，可以通过不同的算法生成不同类型的大理石图案。

5. 噪波

"噪波"贴图一般在凹凸通道中使用，用户可以通过设置噪波的参数来制作出紊乱不平的表面。"噪波"贴图基于两种颜色或材质的交互创建曲面的随机扰动，是三维形式的湍流图案。

6. 粒子系列

3ds Max提供了用于粒子的"粒子年龄"和"粒子模糊"两种程序贴图，可以控制粒子的漫反射效果和运动模糊效果。"粒子年龄"通常和"粒子运动模糊"贴图一起使用，例如将"粒子年龄"指定给漫反射贴图，而将"粒子运动模糊"指定为不透明贴图。

7. 行星

"行星"程序贴图可以模拟空间角度的行星轮廓，使用分形算法可模拟卫星表面颜色的3D贴图。

8. 斑点

"斑点"程序贴图用于生成斑点的表面图案，该图案用于"漫反射"贴图和"凹凸"贴图，以创建类似花岗岩的表面和其他图案表面的效果。

9. 泼溅

"泼溅"程序贴图可生成类似于泼墨画的分形图案，用于漫反射贴图创建类似泼溅的图案效果。

10. 灰泥

"灰泥"程序贴图可生成类似于灰泥的分形图案，该图案对于凹凸贴图创建灰泥表面或者脱落效果非常有用。

11. 烟雾

"烟雾"程序贴图是生成无序、基于分形的湍流图案的3D贴图，其主要用于设置动画的不透明贴图，以模拟一束光线中的烟雾效果或其他云状流动贴图效果。

12. 木材

"木材"程序贴图可将整个对象体积渲染成波浪纹图案，可以控制纹理的方向、粗细和复杂度。该贴图主要把木材用作漫反射颜色贴图，将指定给"木材"的两种颜色进行混合，可以使其形成纹理图案。可以使用其他贴图来代替其中任意一种颜色。

13. 波浪

"波浪"程序贴图能够生成水花或波纹效果，生成一定数量的球形波浪中心并将它们随机分布在球体上，可以控制波浪组数量、振幅和波浪速度。

6.3.3 "合成器"贴图

"合成器"程序贴图类型专用于合成其他颜色或贴图，是指将两个或多个图像叠加将其组合，3ds

Max 2016共提供了4种该类型的3D程序贴图。

1. 合成

"合成"程序贴图可以合成多个贴图，这些贴图使用Alpha通道彼此覆盖。与"混合"程序贴图不同，对于混合的量合成没有明显的控制。需要指出的是，视口可以在合成贴图中显示多个贴图。对于多个贴图的显示，显示驱动程序必须是OpenGL或者Direct3D。

2. 遮罩

使用"遮罩"程序贴图，可以在曲面上通过一种材质查看另一种材质，将遮罩控制应用到曲面的第二个贴图位置。"遮罩"贴图的展卷栏如下左图所示。

3. 混合

"混合"程序贴图可混合两种颜色或两种贴图，将两种颜色或材质合成在曲面的一侧，可以使用指定混合级别调整混合的量。"混合"贴图的展卷栏如下右图所示。

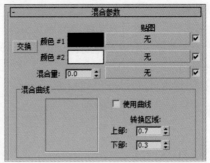

4. RGB倍增

使用"RGB倍增"程序贴图可以通过RGB和Alpha值组合两个贴图，通常用于凹凸贴图。

6.3.4 "颜色修改器"贴图

使用"颜色修改器"程序贴图可以改变材质中像素的颜色，3ds Max 2016共提供了4种该类型程序贴图。

1. 颜色修正

"颜色修正"贴图是3ds Max 2016中新增的贴图类型，提供了一组工具可基于堆栈的方法修改校正颜色，具有对比度、亮度等色彩基本信息的调整功能。

2. 输出

"输出"程序贴图可将位图输出功能应用到没有这些设置的参数贴图中。

3. RGB染色

"RGB染色"程序贴图可调整图像中3种颜色通道的值，3种色样代表3种通道，更改色样可以调整其相关颜色通道的值。

4. 顶点颜色

"顶点颜色"程序贴图可渲染对象的顶点颜色，可以使用顶点绘制修改器、指定顶点颜色工具、指定顶点颜色，也可以使用可编辑网格顶点控件、可编辑多边形顶点控件或者可编辑多边形顶点控件指定顶点颜色。

6.3.5 其他贴图

其他类型贴图包括常用的多种反射、折射类贴图和每像素摄影机贴图、法线凹凸等程序贴图。

（1）平面镜

"平面镜"贴图可应用于共面集合时生成反射环境对象的材质，通常应用于材质的反射贴图通道。

（2）光线跟踪

"光线跟踪"贴图可以提供全部光线跟踪反射和折射效果，光线跟踪对渲染 3ds Max 场景进行优化，并且通过将特定对象或效果排除于光线跟踪之外可以进一步优化场景。

（3）反射/折射

"反射/折射"贴图可生成反射或折射表面。要创建反射效果，将该贴图指定到反射通道。要创建折射效果，将该贴图指定到折射通道。

（4）薄壁折射

"薄壁折射"贴图可模拟缓进或偏移效果，得到如同透过玻璃看到的图像。该贴图的速度更快，占用内存更少，并且提供的视觉效果要优于"反射/折射"贴图。

（5）每像素摄影机

"每像素摄影机"贴图可以从特定的摄影机方向投射贴图，通常使用图像编辑应用程序调整渲染效果，然后将这个调整过的图像用作投射回3D几何体的虚拟对象。

（6）法线凹凸

"法线凹凸"贴图可以指定给材质的凹凸组件、位移组件或两者，使用位移的贴图可以更正看上去平滑失真的边缘，并会增加几何体的面。

6.4　VRay材质

VRay材质可以得到较好的物理上的正确照明（能源分布）、较快的渲染速度，更方便的反射/折射参数。在VRay材质中可以运用不同的纹理贴图、控制反射/折射，增加凹凸和置换贴图、强制直接GI计算，为材质选择不同的BRDF类型。

6.4.1　VRay材质类型

V-Ray材质类型是专门配合VRay渲染器使用的材质，使用VRay渲染器的时候，该类型材质会比max的标准材质在渲染速度和质量上会高很多。在V-Ray的材质类型包括VRayMtl、VR-材质包裹器、VR-混合材质、VR-灯光材质、VR-车漆材质等19种材质。这里介绍几种比较常用的VRay材质类型。

1. VRayMtl

VRayMtl是最常用的一个材质，是专门配合VRay渲染器使用的材质，因此当使用VRay渲染器时，使用这个材质会比3ds Max标准材质（Standard）在渲染速度和细节质量上高很多。其次，他们有一个重要的区别，就是3ds Max的标准材质（Standard）可以制作假高光（即没有反射现象而只有高光，但是这种现象在真实世界里是不可能实现的），而VRay的高光则是和反射的强度息息相关的，在使用VRay渲染器时只有配合VRay的材质（标准材质或其他VRay材质）是可以产生焦散效果的，而在使用3ds Max的标准材质（Standard）时这种效果是无法产生的。其参数面板如右图所示。

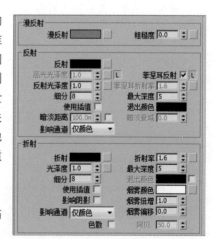

其中，各选项的含义介绍如下：

● **漫反射**：是物体的固有色，可以是某种颜色也可以是某张贴图，贴图优先。

- **反射**：可以用颜色控制反射，也可以用贴图控制，但都基于黑——灰——白，黑色代表没有反射，白色代表完全反射，灰色代表不同程度的反射。
- **高光光泽度**：高光并不是光，而是物体表面最亮的部分；高光也不是必须具备的一个属性，通常只会在表面比较光滑的物体上出现，值越高，高光越明显。
- **反射光泽度**：当"高光光泽度"未被激活时，"反射光泽度"就会自动承担起高光的作用，如果想消除高光，就激活"高光光泽度"，并且设置值为1，这样高光就消失了。
- **菲涅耳反射**：加入菲涅耳是为了增强反射物体的细节变化。
- **菲涅耳反射率**：当值为0时，菲涅耳效果失效；当值为1时，材质完全失去反射属性。
- **最大深度**：就是反射次数，值为1时，反射1次；值为2时，反射2次，以此类推，反射次数越多，细节越丰富，但一般而言，5次以内就足够了，大的物体需要丰富的细节，但小的物体细节再多也观察不到，只会增加计算量。
- **退出颜色**：只适合在"最大深度"值很小的时候使用，当放射次数增多时，"退出颜色"就微乎其微了。
- **细分**：提高该值，能有效降低反射时画面出现的噪点。
- **使用插值**：默认不勾选即可。
- **折射**：可以由右侧的色条决定，黑色为不透明，白色为全透明；也可以由贴图决定，贴图优先。
- **折射率**：折射的程度。
- **烟雾颜色**：透明玻璃的颜色，非常敏感，改动一点就能产生很大变化。
- **烟雾倍增**：控制"烟雾颜色"的强弱程度，值越低，颜色越浅。
- **烟雾偏移**：用来控制雾化偏移程度，一般默认即可。
- **光泽度**：控制折射表面光滑程度，值越高，表面越光滑；值越低，表面越粗糙。减低"光泽度"的值可以模拟磨砂玻璃效果。
- **影响阴影**：勾选该复选框后阴影会随着烟雾颜色而改变，使透明物体阴影更加真实。

2. VRay包裹材质

VRay包裹材质主要用于控制材质的全局光照、焦散和不可见的。也就是说，通过Vray包裹材质可以将标准材质转换为VRay渲染器支持的材质类型。一个材质在场景中过于亮或色溢太多，嵌套这个材质，可以控制产生/接受GI的数值，多数用于控制有自发光的材质和饱和度过高的材质。

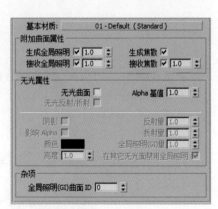

其中，各选项的含义介绍如下：
- **基本材质**：用于设置嵌套的材质。
- **生成全局照明**：设置产生全局光及其强度。
- **接收全局照明**：设置接收全局光及其强度。
- **生成散焦**：设置材质是否产生散焦效果。
- **接收散焦**：设置材质是否接收散焦效果。
- **无光曲面**：设置物体表面为具有阴影遮罩属性的材质，使该物体在渲染时不可见，但是该物体仍然出现在反射/折射中，并且仍然能够产生间接照明。
- **Alpha基值**：设置物体在Alpha通道中显示的强度。当数值为1时，表示物体在Alpha通道中正常显示；数值为0时，表示物体在Alpha通道中完全不显示。
- **阴影**：用于控制遮罩物体是否接收直接光照产生的阴影效果。
- **影响Alpha**：用于设置直接光照是否影响遮罩物体的Alpha通道。
- **颜色**：用于控制被包裹材质的物体接收的阴影颜色。
- **亮度**：用于控制遮罩物体的反射程度。
- **反射量**：用于控制遮罩物体的反射程度。

- **折射量**：用于控制遮罩物体的折射程度。
- **全局照明量**：用于控制遮罩物体接收全局照明的程度。

3. BRDF

BRDF（双向反射分布）主要用于控制物体表面的反射特性。当反射里的颜色不为黑色和反射模糊不为1时，这个功能才有效，其参数卷展栏如右图所示。

VRayMtl提供了3种双向反射分布类型，其各项参数含义如下：

- **多面**：高光区域最小。
- **反射**：高光区域次之。
- **沃德**：高光区域最大。
- **各向异性**：该项控制高光区域的形状。
- **旋转**：控制高光形状的角度。
- **UV矢量源**：控制高光形状的轴向，也可以通过贴图通道来设置。

4. VRay灯光材质

VRay灯光材质是一种自发光的材质，通过设置不同的倍增值可以在场景中产生不同的明暗效果。可以用来做自发光的物件，比如灯带、电视机屏幕、灯箱等。VRay灯光材质参数卷展栏如下左图所示。

其中，各选项的含义介绍如下：

- **颜色**：用于设置自发光材质的颜色，若有贴图，则以贴图的颜色为准，那么此值无效。
- **倍增1.0**：用于设置自发光材质的亮度，相当于灯光的倍增器。
- **不透明度**：用于指定贴图作为自发光。
- **背面发光**：用于设置材质是否两面都产生自发光。

5. VRay双面材质

VRay双面材质用于表现两面不一样的材质贴图效果，可以设置其双面相互渗透的透明度。这个材质非常简单易用，其参数卷展栏如下右图所示。

其中，各选项的含义介绍如下：

- **正面材质**：用于设置物体前面的材质为任意材质类型。
- **背面材质**：用于设置物体背面的材质为任意材质类型。
- **半透明**：设置两种以上两种材质的混合度。当颜色为黑色时，会完全显示正面的漫反射颜色；当颜色为白色时，绘制完全显示背面材质的漫反射颜色；也可以利用贴图通道来进行控制。

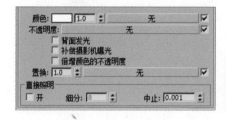

6.4.2　VRay程序贴图

VRay渲染器不仅有专用的材质，也有专用的贴图，包括VRay贴图、VRayHDRI、VR边纹理、VR合成纹理、VR灰尘、VR天光、VR位图过滤器以及VR颜色等，这里我们仅介绍几种常用的VR贴图类型。

1. VRay贴图

以3ds Max的默认材质Standerd为基础材质，在相应的反射和折射通道添加VRayMap贴图。VRaymap

的主要作用就是在3ds Max标准材质或第三方材质中增加反射/折射。其用法类似于3ds Max中的光线追踪类型的贴图，因为在VRay中不支持这种贴图类型的，所以需要的时候，以VRaymap代替，其参数卷展栏如下左图所示。其中，各选项的含义介绍如下：

- **反射**：开启贴图的反射功能，同时将折射的功能关闭。
- **折射**：开启贴图的折射功能，同时将反射的功能关闭。
- **过滤颜色**：使用颜色来设置贴图的强度，颜色越接近白色，贴图的反射越强烈。
- **光泽度**：设置反射模糊的程度，数值越低模型效果越强烈。
- **细分**：设置反射的采样数，采样越高，模糊效果越平滑。
- **最大深度**：设置光线的最大反弹次数。
- **中止阈值**：当光线的能量低于该参数时停止光线追踪。
- **退出颜色**：设置当光线在场景中反射达到最大深度后的颜色。

2. VRayHDRI贴图

HDRI是High Dynamic Range Image（高动态范围贴图）的简写，它是一种特殊的图形文件格式，它的每一个像素除了含有普通的RGB信息以外，还包含有该点的实际亮度信息，所以它在作为环境贴图的同时，还能照亮场景，为真实再现场景所处的环境奠定了基础，其参数卷展栏如下右图所示。

其中，各选项的含义介绍如下。

- **HDR贴图**：单击后面的"浏览"按钮选取贴图的路径。
- **倍增器**：用于设置HDRI贴图的倍增强度。
- **水平旋转**：控制贴图的水平方向上的旋转。
- **水平翻转**：将贴图沿着水平方向翻转。
- **垂直旋转**：控制贴图沿着垂直方向旋转。
- **垂直翻转**：将贴图沿着垂直方向翻转。
- **贴图类型**：选择贴图的坐标方式。
- **反向伽玛**：设置HDR贴图的伽玛值。

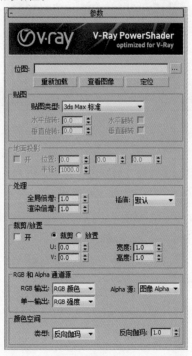

3. VR边纹理贴图

这个贴图类型可以使对象产生类似于3ds Max默认线框材质的效果，其参数卷展栏如右图所示。其中，各选项的含义介绍如下：

- **颜色**：设置线框的颜色。
- **隐藏边**：勾选该复选框后，可以渲染隐藏的边。
- **厚度**：边框精细的设置。
- **世界单位**：使用世界单位设置线框的宽度。
- **像素**：使用像素单位设置线框的宽度。

知识延伸：设置VRay渲染器

在使用VRay材质之前，首先要将当前软件运行的渲染器更改为V-Ray Adv 3.00.08版本，下面将对其设置操作进行介绍。

步骤 01 执行"渲染 > 渲染设置"命令，打开"渲染设置"对话框，如下左图所示。

步骤 02 打开"指定渲染器"卷展栏，单击"产品级"右侧的"选择渲染器"按钮，如下右图所示。

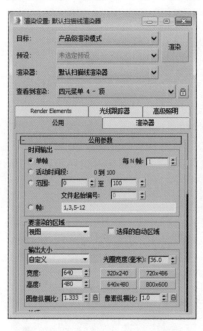
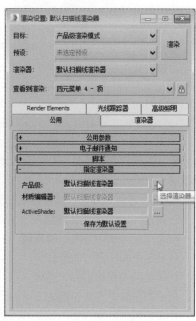

步骤 03 打开"选择渲染器"对话框，在该对话框中选择V-Ray Adv 3.00.08选项，单击"确定"按钮，如下左图所示。

步骤 04 返回到"渲染设置"对话框，单击"保存为默认设置"按钮，即可弹出"保存为默认设置"对话框，单击"确定"按钮即可，如下右图所示。

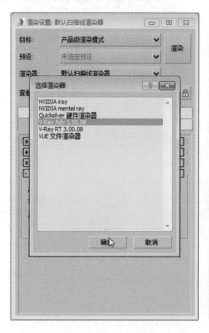
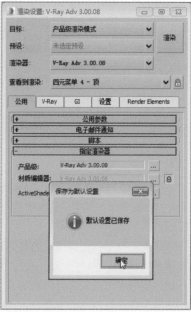

上机实训：为装饰品添加材质

结合本章中所学习的知识，介绍玻璃材质与金属材质的制作方法。具体的操作过程如下：

步骤 01 打开素材文件，如下图所示。

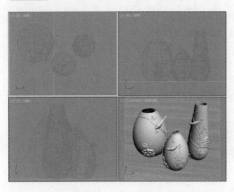

步骤 02 渲染摄影机视口，可以看到雕花花瓶从瓶身到雕花都是白瓷材质，如下图所示。

步骤 03 按M键打开材质编辑器，选择一个空白材质球，将其转换为VRayMtl材质，如下图所示。

步骤 04 设置反射颜色及参数，勾选"菲涅耳反射"复选框，如下图所示。

步骤 05 设置折射颜色、烟雾颜色及其他参数，勾选"影响阴影"复选框，如下图所示。

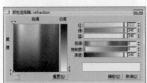

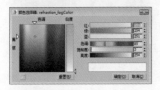

步骤 06 玻璃材质球示例窗效果如下图所示。

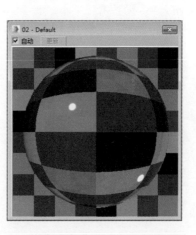

步骤 07 将材质指定给花瓶的雕花模型，渲染摄影机视口，效果如下图所示。

步骤 08 继续在材质编辑器中选择一个空白材质球，将其转换为VRayMtl材质，设置漫反射颜色、反射颜色以及反射参数，如下图所示。

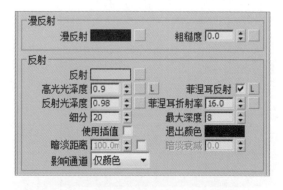

步骤 09 漫反射颜色及反射颜色设置如下图所示。

步骤 10 金属材质示例窗效果如下图所示。

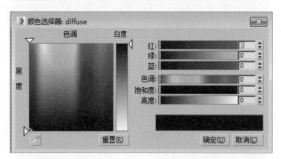

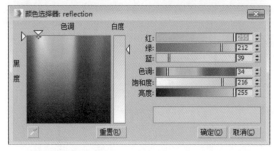

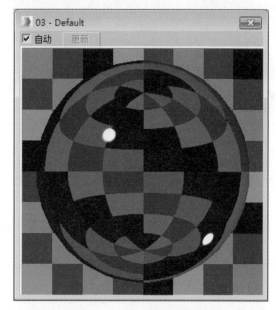

步骤 11 渲染摄影机视口，查看金属材质的花瓶雕花效果，如右图所示。

1. 选择题

(1) 在3ds Max中材质编辑器中最多可以显示的样本球个数为_____。

    A. 9   B. 13   C. 8   D. 24

(2) 以下不属于3ds Max标准材质中贴图通道的是_____。

    A. Bump   B. Reflection   C. Diffuse   D. Extra light

(3) 我们常用的标准材质贴图通道共有_____。

    A. 12   B. 13   C. 14   D. 15

(4) 能够显示当前材质球的材质层次结构的是_____。

    A. 依据材质选择   B. 材质编辑器选项   C. 材质/贴图导航器   D. 制作预示动画

(5) 在材质中，下列哪一项不支持贴图通道_____。

    A. 环境光   B. 漫反射   C. 高光反射   D. 柔化

2. 填空题

(1) 在3ds Max中共有_____种贴图坐标。

(2) 材质编辑器中的Color Controls（颜色控制）用于设置着色光线，其中调节的三个主要参数为_____、_____和_____。

(3) 打开材质编辑器的快捷键是_____。

(4) 3ds Max的基础材质类型为_____。

(5) 使用Bitmap贴图时，Coordinates卷展栏中的_____参数可以控制贴图的位置。

3. 操作题

课后尝试创建金属材质及带花纹的瓷器材质，参考图片如下图所示。

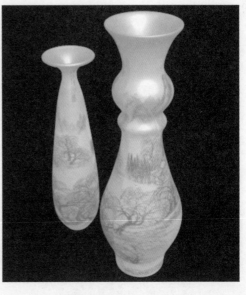

Chapter 07 灯光技术

本章概述

灯光是3ds Max中模拟自然光照最重要的手段，没有光便无法体现物体的形状、质感以及颜色等。但是，复杂的灯光设置，多变的运用效果，却是让许多新手极为困扰。为此，本章将对3ds Max中的灯光知识进行全面讲解，以使广大用户轻松创造出更真实的场景。

核心知识点

❶ 灯光的种类
❷ 灯光的基本参数
❸ 阴影的设置
❹ VRay光源系统

7.1 灯光的种类

3ds Max中的灯光可以模拟真实世界中的发光效果，如各种人工照明设备或太阳，也为场景中的几何体提供照明。3ds Max中的灯光可以分为标准灯光和光度学灯光两类。

7.1.1 标准灯光

标准灯光是基于计算机的模拟灯光对象，该类型灯光主要包括泛光灯、聚光灯、平行光、天光以及mental ray常用区域灯光等多种类型。因为其不带有辐射性，一般适用于3D动画。

1. 泛光灯

泛光灯从单个光源向四周投射光线，其照明原理与室内白炽灯泡等一样，因此通常用于模拟场景中的点光源，下左图为泛光灯的基本照射效果。

2. 聚光灯

聚光灯包括目标聚光灯和自由聚光灯两种，但照明原理都类似闪光灯，即投射聚集的光束，其中自由聚光灯没有目标对象，如下右图所示。

3. 平行光

平行光包括目标平行灯和自由平行灯两种，主要用于模拟太阳在地球表面投射的光线，即以一个方向投射的平行光，下左图为平行光照射效果。

4. 天光

天光是比较特别的标准灯光类型，可以建立日光的模型，配合光跟踪器使用，下右图为天光的应用效果。

7.1.2　光度学灯光

光度学灯光是一种使用光度学数值进行计算的灯光，通过设置光度学（光能）值，可以更精确地定义和控制灯光。用户可以通过光度学灯光创建具有真实世界中灯光规格的照明对象，而且可以导入照明制造商提供的特定光度学文件。利用光度学灯光，结合光域网的应用，通过光能传递渲染器的渲染，可以达到较为逼真的室内光影效果，这是室内效果图常用的一种表现灯光。

1. 目标灯光

3ds Max 2016将光度学灯光进行整合，将所有的目标光度学灯光合为一个对象，可以在该对象的参数面板中选择不同的模板和类型，如40W强度的灯或线性灯光类型，下左图为所有类型的目标灯光。

2. 自由灯光

自由灯光与目标灯光参数完全相同，只是没有目标点，如下右图所示。

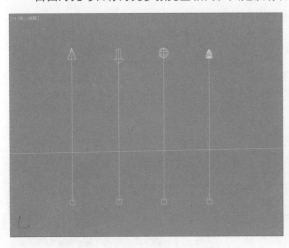
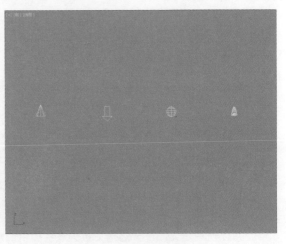

7.2 标准灯光的基本参数

当光线到达对象的表面时，对象表面将反射这些光线，这就是对象可见的基本原理。对象的外观取决于到达它的光线以及对象材质的属性，灯光的强度、颜色、色温等属性，这些因素都会对对象的表面产生影响。

7.2.1 强度、颜色和衰减

在标准灯光的"强度/颜色/衰减"卷展栏中，可以对灯光的基本属性进行设置，右图为参数卷展栏。其中，各选项的含义介绍如下：

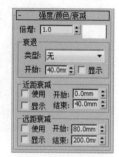

- **倍增**：该参数可以将灯光功率放大一个正或负的量。
- **颜色**：单击色块，可以设置灯光发射光线的颜色。
- **衰退**：该选项组提供了使远处灯光强度减小的方法，包括倒数和平方反比两种方法。
- **近距衰减**：该选择项组中提供了控制灯光强度淡入的参数。
- **远距衰减**：该选择项组中提供了控制灯光强度淡出的参数。

> **提示** 解决灯光衰减的方法
> 灯光衰减时，距离灯光较近的对象可能过亮，距离灯光较远的对象表面可能过暗。这种情况可通过不同的曝光方式解决。

7.2.2 阴影参数

所有标准灯光类型都具有相同的阴影参数设置，通过设置阴影参数，可以使对象投影产生密度不同或颜色不同的阴影效果。

阴影参数直接在"阴影参数"卷展栏中进行设置，如右图所示。其中，各参数选项的含义介绍如下：

- **颜色**：单击色块，可以设置灯光投射的阴影颜色，默认为黑色。
- **密度**：用于控制阴影的密度，值越小阴影越淡。
- **贴图**：使用贴图可以应用各种程序贴图与阴影颜色进行混合，产生更复杂的阴影效果。
- **大气阴影**：应用该选项组中的参数，可以使场景中的大气效果也产生投影，并能控制投影的不透明度和颜色数量。

7.3 光度学灯光的基本参数

光度学灯光与标准灯光一样，强度、颜色等是最基本的属性，但光度学灯光还具有物理方面的参数，如灯光的分布、形状以及色温等。

7.3.1 灯光的强度和颜色

在光度学灯光的"强度/颜色/衰减"卷展栏中，用户可以设置灯光的强度和颜色等基本参数，如右图所示。

其中，该展卷栏中各选项的含义介绍如下：

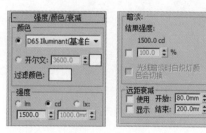

- **颜色**：在该选项组中提供了用于确定灯光的不同方式，可以使用过滤颜色，选择下拉列表中提供的灯具规格，或通过色温控制灯光颜色。
- **强度**：在该选项组中提供了3个选项来控制灯光的强度。
- **暗淡**：在保持强度的前提下，以百分比的方式控制灯光的强度。

7.3.2 光度学灯光的分布方式

光度学灯光提供了 4 种不同的分布方式，用于描述光源发射光线方向。在"常规参数"卷展栏中可以选择不同的分布方式，如下左图所示。

1. 统一球形

统一球形分布可以在各个方向上均等地分布光线，下右图为统一球形分布的原理图。

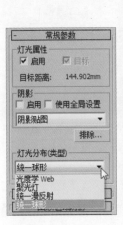

2. 统一漫反射

统一漫反射分布从曲面发射光线，以正确的角度保持曲面上的灯光强度最大。倾斜角越大，发射灯光的强度越弱，下左图为统一漫反射分布的原理图。

3. 聚光灯

聚光灯分布像闪光灯一样投影聚焦的光束，就像在剧院舞台或桅灯下的聚光区。灯光的光束角度控制光束的主强度，区域角度控制光在主光束之外的"散落"，下右图为聚光灯分布的原理图。

4. 光度学 Web

光度学 Web 分布是以 3D 的形式表示灯光的强度，通过该方式可以调用光域网文件，产生异形的灯光强度分布效果，下左图为该分布原理图。

当选择"光度学 Web"分布方式时，在相应的卷展栏中可以选择光域网文件并预览灯光的强度分布图，如下右图所示。

光域网是灯光分布的三维表现。它将测角图表延伸至三维，以便同时检查垂直和水平角度上的发光强度。光域网以原点为中心的球体是等向分布的表示方式。图表中的所有点与中心是等距的，因此灯光在所有方向上都可均等地发光。

7.3.3 光度学灯光的形状

由于3ds Max 将光度学灯光整合为目标灯光和自由灯光两种类型，光度学灯光的开关可以在任何目标灯光或自由灯光中进行自由切换，下图为光度学灯光形状切换的卷展栏。

其中，各选项的含义介绍如下：

- **点光源**：选择该形状，灯光像标准的泛光灯一样从几何体点发射光线。
- **线**：选择该形状，灯光从直线发射光线，像荧光灯管一样。
- **矩形**：选择该形状，灯光像天光一样从矩形区域发射光线。
- **圆形**：选择该形状，灯光从类似圆盘状的对象表面发射光线。
- **球体**：选择该形状，灯光从具体半径大小的球体表面发射光线。
- **圆柱体**：选择该形状，灯光从柱体形状的表面发射光线。

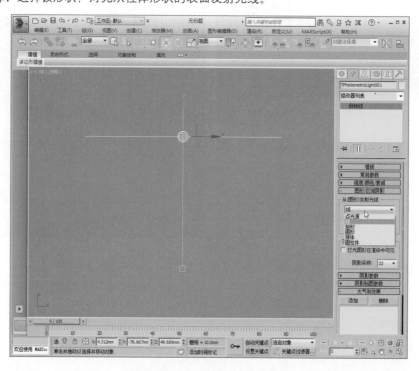

7.4 灯光的阴影

标准灯光和光度学灯光中的所有类型的灯光，在"常规参数"卷展栏中，除了可以对灯光进行开关设置外，还可以选择不同形式的阴影方式。

7.4.1 阴影贴图

阴影贴图是最常用的阴影生成方式，它能产生柔和的阴影，并且渲染速度快。不足之处是会占用大量的内存，并且不支持使用透明度或不透明度贴图的对象。

使用阴影贴图，灯光参数面板中会出现"阴影贴图参数"卷展栏，如右图所示。卷展栏中各选项的含义介绍如下：

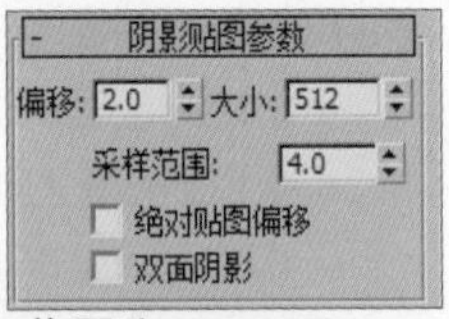

- **偏移**：位图偏移面向或背离阴影投射对象移动阴影。
- **大小**：设置用于计算灯光的阴影贴图大小。
- **采样范围**：采样范围决定阴影内平均有多少区域，影响柔和阴影边缘的程度。范围为0.01～50.0。
- **绝对贴图偏移**：勾选该复选框，阴影贴图的偏移未标准化，以绝对方式计算阴影贴图偏移量。
- **双面阴影**：勾选该复选框，计算阴影时背面将不被忽略。

7.4.2 区域阴影

所有类型的灯光都可以在"区域阴影"卷展栏中设置参数。创建区域阴影，需要设置"虚设"区域阴影的虚拟灯光的尺寸。

使用"区域阴影"后，会出现相应的参数卷展栏，在卷展栏中可以选择产生阴影的灯光类型并设置阴影参数，如右图所示。

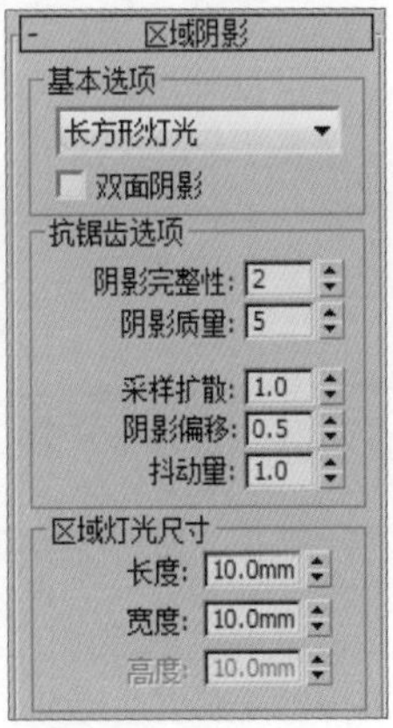

其中，展卷栏中各选项的含义介绍如下：

- **基本选项**：在该选项组中可以选择生成区域阴影的方式，包括简单、矩形灯光、圆形灯光、长方体形灯光、球形灯光等多种方式。
- **阴影完整性**：用于设置在初始光束投射中的光线数。
- **阴影质量**：用于设置在半影（柔化区域）区域中投的光线总数。
- **采样扩散**：用于设置模糊抗锯齿边缘的半径。
- **阴影偏移**：用于控制阴影和物体之间的偏移距离。
- **抖动量**：用于向光线位置添加随机性。
- **区域灯光尺寸**：该选项组提供尺寸参数来计算区域阴影，该组参数并不影响实际的灯光对象。

7.4.3 光线跟踪阴影

使用"光线跟踪阴影"功能可以支持透明度和不透明度贴图，产生清晰的阴影，但该阴影类型渲染计算速度较慢，不支持柔和的阴影效果。

选择"光线跟踪阴影"选项后，参数面板中会出现相应的卷展栏，如右图所示。其中，各选项的含义介绍如下：

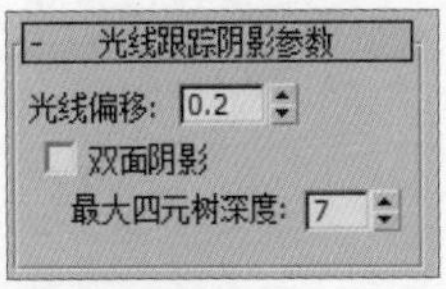

- **光线偏移**：该参数用于设置光线跟踪偏移面向或背离阴影投射对象移动阴影的多少。
- **双面阴影**：勾选该复选框，计算阴影时其背面将不被忽略。
- **最大四元树深度**：该参数可调整四元树的深度。增大四元树深度值可以缩短光线跟踪时间，但却要占用大量的内存空间。四元树是一种用于计算光线跟踪阴影的数据结构。

7.5　VRay光源系统

本节将对VRay灯光系统进行详细介绍，VRay灯光系统中包括VRay灯光、VRay IES、VRay环境灯光、VRay太阳四种类型的光源。

7.5.1　VRay灯光

在VRay灯光创建命令面板中单击选择VRay灯光，即可打开该参数卷展栏，如右图所示。其中，各选项的含义介绍如下：

- **类型**：VRay提供平面、穹顶、球体、网格体4种灯光类型供用户选择。
- **倍增**：设置灯光颜色的倍增值。
- **颜色**：设置灯光的颜色。
- **1/2长、1/2宽**：灯光长度和宽度的一半。
- **投射阴影**：设置灯光产生阴影。
- **双面**：用来控制灯光的双面都产生照明效果（当灯光类型为片光时有效，其他灯光类型无效）。
- **不可见**：这个参数设置在最后的渲染效果中VRay的光源形状是否可见，如果不勾选，光源将会被使用当前灯光颜色来渲染，否则是不可见的。
- **不衰减**：在真实世界中，光线亮度会按照与光源距离的平方的倒数的方式进行衰减。
- **天光入口**：勾选该复选框后，前面设置的颜色和倍增值都将被VRay忽略，代之以环境的相关参数设置。
- **存储发光图**：当勾选该复选框时，如果计算GI的方式使用的是发光贴图方式，系统将会计算VRay灯光的光照效果，并将计算结果保存在发光贴图中。
- **影响漫反射**：该选项决定灯光是否影响物体材质属性的漫反射。
- **影响高光**：该选项决定灯光是否影响物体材质属性的高光。
- **影响反射**：该选项决定灯光是否影响物体材质属性的反射。

7.5.2　VRay太阳

VRay太阳要用来模拟室外的太阳光照明。在渲染室外建筑效果图时，VRay太阳光就像日常生活里灯光一样，有影子、反射。VRay太阳参数卷展栏如右图所示。

其中，各选项的含义介绍如下：

- **浊度**：主要控制大气的浑浊度，光线穿过浑浊的空气时，空气中的悬浮颗粒会使光线发生衍射。浑浊度越高表示大气中的悬浮颗粒越多，光线的传播就会减弱。
- **臭氧**：模拟大气中的臭氧成分，它可以控制光线到达地面的数量，值越小表示臭氧越少，光线到达地面的数量越多。
- **强度倍增**：可以控制太阳光的强度，数值越大表示阳光越强烈。
- **大小倍增**：主要用来控制太阳的大小，这个参数会对物体的阴影产生影响，较小的值可以得到比较锐利的阴影效果。
- **阴影细分**：主要用来控制阴影的采样质量，较小的值会得到噪点比较多的阴影效果，数值越高阴影质量越好，但是会增加渲染的时间。
- **阴影偏移**：主要用来控制对象和阴影之间的距离，值为1时表示不产生偏移，大于1时远离对象，小于1时接近对象。
- **光子发射半径**：和"光子贴图"计算引擎有关。

7.5.3 VRayIES

VRayIES是一个V形射线光源的特定插件，它的灯光特性类似于光度学灯光，可以加载IES灯光，能使光的分布更加逼真，常用来模拟现实灯光的均匀分布。VRayIES参数卷展栏如右图所示。

其中，各选项的含义介绍如下：
- **启用视口着色**：控制空气的清澈程度。可以调0-20的值，代表清晨到傍晚时候的太阳，10代表正午的太阳。
- **中止**：控制灯光影响的结束值，当灯光由于衰减亮度低于设定的数字时，灯光效果将被忽略。
- **阴影偏移**：控制物体与阴影的偏移距离，值越大，阴影越偏向光源。
- **投影阴影**：用来控制灯光是否产生阴影投射效果。
- **使用灯光图形**：用来控制阴影效果的处理，使阴影边缘虚化或者清晰。
- **图形细分**：控制灯光及投影的效果品质。
- **颜色模式**：利用"颜色"和"温度"设置灯光的颜色。
- **功率**：调整VRayIES灯光的强度。

7.5.4 VRay阴影

安装VRay渲染器插件以后，不仅增加了VRay自己的灯光，而且还增加了一个阴影类型，即VRay-Shadows。如果使用VRay渲染器，通常都会采用VRayShadows，它有很多的优点：比如支持模糊（或面积）阴影，也可以正确表现来自VRay的置换物体或者透明物体的阴影。

VRay阴影参数展卷如右图所示。其中，各选项的含义介绍如下：

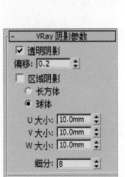

- **透明阴影**：这个参数确定场景中透明物体投射阴影的行为，勾选该复选框后，VRay将不管灯光物体中的阴影设置（颜色、密度、贴图等等）来计算阴影，此时来自透明物体的阴影颜色将是正确的。取消勾选时，将考虑灯光中物体阴影参数的设置，但是来自透明物体的阴影颜色将变成单色（仅为灰度梯度）。
- **偏移**：控制阴影向左或向右的移动，偏移值越大，越影响到阴影的真实性，通常情况下，不修改该值。
- **区域阴影**：控制是否作为区域阴影类型。
- **长方体**：当VRay计算阴影时，将其视作方体状的光源投射。
- **球体**：当VRay计算阴影时，将其视作球状的光源投射。
- **U大小**：当VRay计算面积阴影时，表示VRay获得的光源的U向的尺寸（如果光源为球状则相应地表示球的半径）。
- **V大小**：当VRay计算面积阴影时，表示VRay获得的光源的V向的尺寸（如果光源为球状则没有效果）。
- **W大小**：当VRay计算面积阴影时，表示VRay获得的光源的W向的尺寸（如果光源为球状则没有效果）。
- **细分**：设置在某个特定点计算面积阴影效果时使用的样本数量，较高的取值将产生平滑的效果，但是会耗费更多的渲染时间。

知识延伸：室内灯光打法

在灯光设计中，常会接触到各种灯光打法的问题，下面将对这些常见的室内灯光打法进行汇总介绍。

（1）直行暗藏灯打法

在前视图画出VRay灯光（不同场合的灯光的方向不同），强度一般控制在5左右测试合适为止。灯光调整为不可见。

（2）室内射灯打法

该种灯光使用的是光度学灯光下面的目标点光源。根据场景大小和灯距离程度不同可以自由设置参数，一般在CD为单位下，大小在800到3000之间，如果墙和筒灯之间的距离太近可以适当拉远。

需要注意的是，阴影下面的启动要勾选类型为VRay阴影；在强度颜色分布下面的分布中要选择Web；不要把VRay区域阴影下的面积阴影打开，这样会消耗很多时间，同时也会出现很多杂点。

（3）异形暗藏灯打法

像有造型的灯槽是不能用VRay灯光打的，可以通过一些替代物去施加自发光，通过这些可以制造出异形暗藏灯。

举个例子，比如天棚上有一个圆形灯槽，利用上述方法打一个暗藏灯带。首先在顶视图上画出一个圆形，将其厚度加粗。然后在修改面板中勾选"在渲染中启用"和"在试图中启用"复选框。接着将其捕捉对齐到圆形暗槽内，并将物体随便赋予一个材质。最后设成VRay灯光材质，更改其颜色且适当增加倍增。同时，右击该对象选择对象属性将产生阴影，接受阴影，还有可见性都关闭还有对摄像机可见也关闭。

（4）吊灯打法

通常采用泛光灯去打，此种打法适合对效果图质量要求不是很好且时间很少的时候，即在不需要打开阴影的情况下，泛光灯强度给到1左右，打开远距衰减使用把开始设为0让一开始就产生衰减，结束的范围比灯的体积大一些即可。

若想营造一个好的灯光氛围，则可以使用VRay灯光来做。首先画出一个VRay灯光，类型采用球形，大小比吊灯大一些。然后拉到合适位置调节颜色和倍增（0.5左右），再设置灯光的不可见性即可。

（5）吸顶灯打法

跟吊灯的打法相类似，要是用VR灯光去打把灯往上拉，只让灯光的一半露出即可。

（6）台灯壁灯打法

除了可以使用吊灯、吸顶灯的打法外，还可以用自由点光源去创建。只要加入一张台灯的光域网即可（数值给到500左右）。同时，它的阴影选择的是标准阴影，最后就是单击修改面板中"排除"按钮，将台灯自身的物体排除在外避免造成不必要的阴影。

上机实训： 为玄关场景创建灯光

本章对3ds Max中基础灯光与VRay灯光的用途及设置技巧进行了介绍，接下来我们将利用本章所学知识练习如何为场景创建灯光，并渲染出图。

步骤01 打开图形文件，可以看到已经创建好了模型、材质并打好摄影机，如下图所示。

步骤02 按M键打开"材质编辑器"窗口，选择一个未使用的材质球，单击 Standard 按钮，在弹出的"材质/贴图浏览器"对话框中选择材质类型为VR-灯光材质，如下图所示。

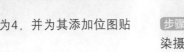

步骤 03 设置颜色倍增值为4，并为其添加位图贴图，如下图所示。

步骤 04 将该材质赋予到场景中的室外模型，再渲染摄影机视口，效果如下图所示。

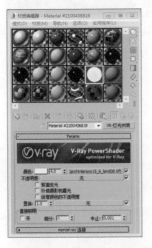

步骤 05 在灯光创建命令面板中的单击"VR-太阳"按钮，在左视图中创建一盏太阳光，并在弹出的对话框中单击"否"按钮，如下图所示。

步骤 06 在"VRay太阳参数"卷展栏中设置太阳光参数，如下图所示。

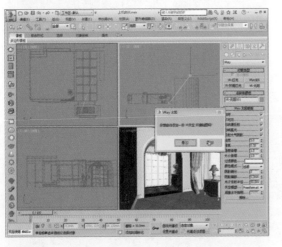

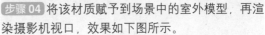

VRay 太阳参数	
启用	☑
不可见	☐
影响漫反射	☑
影响高光	☑
投射大气阴影	☑
浊度	5.0
臭氧	0.35
强度倍增	0.015
大小倍增	4.0
过滤颜色	
颜色模式	过滤
阴影细分	8
阴影偏移	0.2mm
光子发射半径	50.0mr
天空模型	Preetham et
间接水平照明	25000.
排除...	

步骤 07 渲染摄影机视口，效果如下图所示。

步骤 09 调整灯光强度、灯光颜色、细分等参数，如下图所示。

步骤 11 渲染摄影机视口，可以看到场景稍微变亮，并收到蓝色光线的影响，如下图所示。

步骤 08 在灯光创建命令面板中单击"VR-灯光"按钮，在前视图中创建一盏灯光，并调整灯光位置，如下图所示。

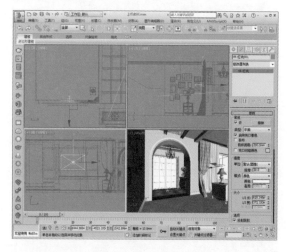

步骤 10 这里设置灯光颜色为蓝色，用于模仿室外光线，设置的参数如下图所示。

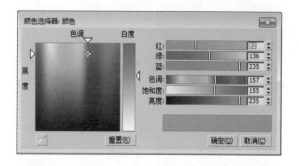

步骤 12 复制灯光，并调整位置到门厅外侧，如下图所示。

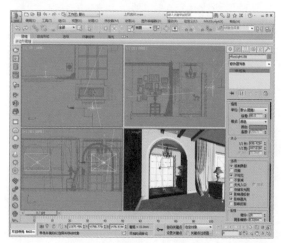

步骤 13 渲染摄影机视口，效果如下图所示。

步骤 15 灯光颜色设置如下图所示。

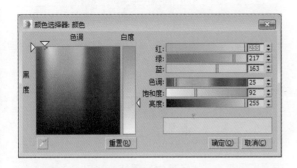

步骤 17 渲染摄影机视口，室内灯光颜色为浅黄色，因此整体效果提亮并且转为暖色调，效果如下图所示。

步骤 14 继续创建VR灯光，调整灯光参数及位置，如下图所示。

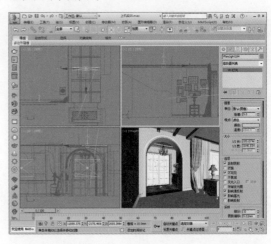

步骤 16 复制灯光，并创建纵向灯光，灯光强度及颜色等设置横向灯光，如下图所示。

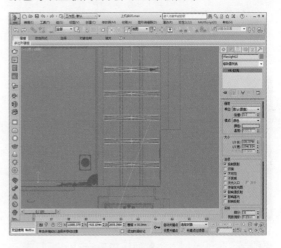

步骤 18 在灯光创建命令面板中的单击"目标灯光"按钮，在左视图中创建一盏目标灯光，如下图所示。

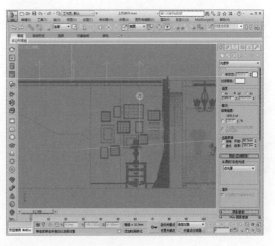

步骤 19 调整灯光位置及角度，为其添加光域网，设置灯光阴影、强度、颜色等，如下图所示。

步骤 20 灯光颜色设置如下图所示。

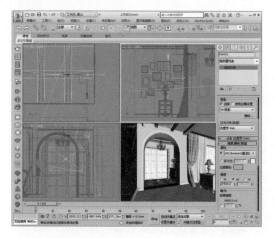

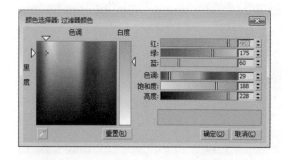

步骤 21 渲染摄影机视口，效果如下左图所示。

步骤 22 复制多个目标灯光，并调整位置及角度，如下图所示。

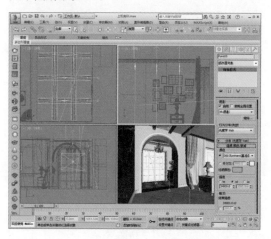

步骤 23 在灯光创建命令面板中单击"目标灯光"按钮，在左视图中创建一盏VR灯光，设置灯光类型为球体，并设置灯光参数，调整位置到台灯处，如下图所示。

步骤 24 至此，本场景中所需的灯光已经创建完毕，渲染摄影机视口，最终效果如下图所示。

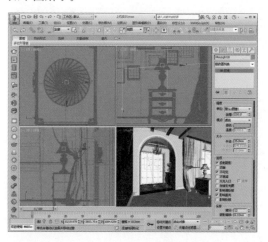

课后练习

1. 选择题

(1) 下列不属于3ds Max默认灯光类型的是_____。

    A. Omni   B. Reflection   C. Diffuse   D. Extra light

(2) 在标准灯光中，_____灯光在创建的时候不需要考虑位置的问题。

    A. 目标平行光   B. 天光   C. 泛光灯   D. 目标聚光灯

(3) 在光度学灯光中，关于灯光分布的4种类型中，_____可以载入光域网使用。

    A. 统一球体   B. 聚光灯   C. 光度学Web   D. 统一漫反射

(4) 以下不能产生阴影的灯光是_____。

    A. 泛光灯   B. 自由平行光   C. 目标聚光灯   D. 天空光

(5) Omin是哪一种灯光_____。

    A. 聚光灯   B. 目标聚光灯   C. 泛光灯   D. 目标平行光

2. 填空题

(1) 添加灯光是场景描绘中必不可少的环节。通常在场景中表现照明效果应添加_____；若是需要设置舞台灯光，应添加_____。

(2) 灯光按功能分类有_____、_____和_____。

(3) 在3ds Max中可以使用_____来模拟筒灯和射灯。

(4) 通常可以使用_____作为基础灯照亮背景。

(5) 3ds Max中的标准灯光有_____种。

3. 操作题

用户课后可以试着为场景创建灯光，参考图片如下。

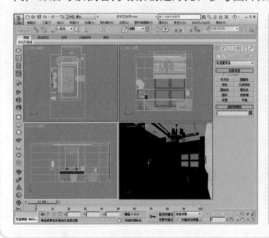

Chapter 08 VRay渲染器的应用

本章概述

VRay渲染器是诸多渲染器中非常优秀的一款渲染工具，它可以表现出真实的光影效果和各种不同的物体质感。对建筑效果图进行渲染，可以烘托建筑的色彩、造型及环境效果。本章将对VRay渲染器的参数设置及实际应用进行详细介绍。

核心知识点

❶ 渲染基础知识
❷ 渲染器的设置
❸ VR渲染器的设置
❹ VR渲染器的应用

8.1 渲染基础知识

对于3ds Max三维设计软件来讲，由于对系统要求较高，无法实时预览，因此需要先进行渲染才能看到最终效果。可以说，渲染是效果图创建过程中最为重要的一个环节，下面将首先对渲染的相关基础知识进行介绍。

8.1.1 渲染器的类型

渲染器的类型很多，3ds Max 2016自带了5种渲染器，分别是NVIDIA iray渲染器、NVIDIA mental ray渲染器、Quicksilver硬件渲染器、VUE文件渲染器、默认扫描线渲染器，如右图所示。此外，用户还可以使用外置的渲染器插件，比如VRay渲染器、Brazil渲染器等。

- **NVIDIA iray渲染器**：NVIDIA iray渲染器通过跟踪灯光路径来创建物理上精确的渲染。与其他渲染器相比，它几乎不需要进行设置。并且该渲染器的特点在于可以指定要渲染的时间长度、要计算的迭代次数，或者您只需启动渲染一段不确定的时间后，在对结果外观满意时将渲染停止。

- **NVIDIA mental ray渲染器**：来自 NVIDIA mental ray渲染器是一种通用渲染器，它可以生成灯光效果的物理校正模拟，包括光线跟踪反射和折射、焦散和全局照明。

- **Quicksilver 硬件渲染器**：Quicksilver 硬件渲染器使用图形硬件生成渲染。Quicksilver硬件渲染器的一个优点是它的速度。默认设置提供快速渲染。

- **VUE文件渲染器**：VUE文件渲染器可以创建 VUE(.vue) 文件。VUE文件使用可编辑 ASCII格式。

- **默认扫描线渲染器**：扫描线渲染器是默认的渲染器，默认情况下，通过"渲染场景"对话框或者Video Post渲染场景时，可以使用扫描线渲染器。扫描线渲染器是一种多功能渲染器，可以将场景渲染为从上到下生成的一系列扫描线。默认扫描线渲染器的渲染速度是最快的，但是真实度一般。

- **VRay渲染器**：VRay渲染器是渲染效果相对比较优质的渲染器，也是本书重点讲解的渲染器。

- **Brazil渲染器**：Brazil渲染器是外置的渲染器插件，又称为巴西渲染器。

8.1.2 渲染器的设置

在默认情况下，执行渲染操作，可渲染当前激活视口。若需要渲染场景中的某一部分，则可以使用3ds Max提供的各种渲染类型来实现。3ds Max 2016将渲染类型整合到了渲染场景对话框中，如下图所示。

- **视图**："视图"为默认的渲染类型，执行"渲染＞渲染"命令，或单击工具栏上的"渲染产品"按钮，即可渲染当前激活视口。

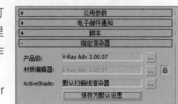

- **选定对象**：在"要渲染的区域"选项组中，选择"选定对象"选项进行渲染，将仅渲染场景中被选择的几何体，渲染帧窗口的其他对象将保持完好。
- **区域**：选择"区域"选项，在渲染时，会在视口中或渲染帧窗口上出现范围框，此时会仅渲染范围框内的场景对象。
- **裁剪**：选择"裁剪"选项，可通过调整范围框，将范围框内的场景对象渲染输出为指定的图像大小。
- **放大**：选择"放大"选项，可渲染活动视口内的区域并将其放大以填充渲染输出窗口。

8.2　VRay渲染器

在使用VRay渲染器之前，我们需要按3ds Max默认快捷键F10来打开渲染参数面板，在"指定渲染器"卷展栏中指定需要的渲染器，这里我们选择的是V-Ray Adv 3.00.07，单击"保存为默认设置"按钮将其作为默认渲染器，如右图所示。

VRay渲染器参数主要包括公用、V-Ray、GI、设置和Render Elements（渲染元素）5个选项卡。下面将对这些参数选项进行介绍，VRay渲染器参数较多，用户应多加练习，为渲染奠定良好的基础。

8.2.1　公用

下面将对公用选项卡中各参数展卷栏进行介绍。

1. 公用参数

"公用参数"卷展栏用来设置所有渲染器的公用参数。其参数面板如右图所示。下面介绍主要的几种参数含义：

- **单帧**：仅当前帧。
- **要渲染的区域**：分为视图、选定对象、区域、裁剪和放大。
- **选择的自动区域**：该选项控制选择的自动渲染区域。
- **输出大小**：在下拉列表中可以选择几个标准的电影和视频分辨率以及纵横比。
- **光圈宽度（毫米）**：指定用于创建渲染输出的摄影机光圈宽度。
- **宽度和高度**：以像素为单位指定图像的宽度和高度。
- **预设分辨率按钮（320×240、640×480等）**：选择预设分辨率。
- **图像纵横比**：设置图像的纵横比。
- **像素纵横比**：设置显示在其他设备上的像素纵横比。
- **大气**：启用此选项后，渲染任何应用的大气效果，如体积雾。
- **效果**：启用此选项后，渲染任何应用的渲染效果，如模糊。
- **置换**：渲染任何应用的置换贴图。
- **渲染为场**：为视频创建动画时，将视频渲染为场，而不是渲染为帧。
- **渲染隐藏的几何体**：渲染场景中所有的几何体对象，包括隐藏的对象。
- **需要时计算高级照明**：启用此选项后，当需要逐帧处理时，3ds Max计算光能传递。

- **保存文件**：启用此选项后，进行渲染时 3ds Max 会将渲染后的图像或动画保存到磁盘。
- **将图像文件列表放入输出路径**：启用此选项可创建图像序列文件，并将其保存。
- **渲染帧窗口**：在渲染帧窗口中显示渲染输出。
- **跳过现有图像**：启用此选项且启用"保存文件"后，渲染器将跳过序列中已渲染到磁盘中的图像。

2. 指定渲染器

对于每个渲染类别，该卷展栏显示当前指定的渲染器名称和可以更改该指定的按钮。其参数卷展栏如右图所示。

- **启用**：启用该选项之后，启用脚本。
- **选择渲染器按钮**：单击带有省略号的按钮可更改渲染器指定。
- **产品级**：选择用于渲染图形输出的渲染器。
- **材质编辑器**：选择用于渲染"材质编辑器"中示例的渲染器。
- **锁定按钮**：默认情况下，示例窗渲染器被锁定为与产品级渲染器相同的渲染器。
- **ActiveShade**：选择用于预览场景中照明和材质更改效果的ActiveShade渲染器。
- **保存为默认设置**：单击该按钮可将当前渲染器指定保存为默认设置，以便下次重新启动3ds Max时它们处于活动状态。

8.2.2 V-Ray

该选项卡包含了VRay的渲染参数：帧缓冲区、全局开关、图像采样器（抗锯齿）、自适应图像采样器、全局确定性蒙特卡洛、环境、颜色贴图、摄影机，接下来将介绍常用的几个卷展栏。

1. 帧缓冲区

"帧缓冲区"卷展栏中的参数可以代替3ds Max自身的帧缓冲窗口。这里可以设置渲染图像的大小，以及保存渲染图像等，其参数卷展栏如右图所示。各参数的含义介绍如下：

- **启用内置帧缓冲区**：可以使用VRay自身的渲染窗口。
- **内存帧缓冲区**：勾选该复选框，可将图像渲染到内存，再由帧缓冲区窗口显示出来，可以方便用户观察渲染过程。
- **从MAX获取分辨率**：当勾选该复选框时，将从3ds Max的渲染设置对话框的公用选项卡的"输出大小"选项组中获取渲染尺寸。
- **图像纵横比**：控制渲染图像的长宽比。
- **宽度/高度**：设置像素的宽度/高度。
- **V-Ray Raw图像文件**：控制是否将渲染后的文件保存到所指定的路径中。
- **单独的渲染通道**：控制是否单独保存渲染通道。
- **保存RGB/Alpha**：控制是否保存RGB色彩/Alpha通道。
- ■■■**按钮**：单击该按钮可以保存RGB和Alpha文件。

2. 全局开关

"全局开关"展卷栏下的参数主要用来对场景中的灯光、材质、置换等进行全局设置，比如是否使用默认灯光、是否开启阴影、是否开启模糊等，3ds Max 2016版中的"全局开关"卷展栏中又分为基本模式、高级模式、专家模式三种，基本模式和高级模式如下图所示。

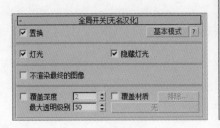

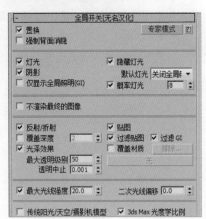

而专家模式面板为最全面的，如右图所示。下面介绍其参数含义：

- **置换**：控制是否开启场景中的置换效果。
- **强制背面消隐**：背面强制隐藏与创建对象时背面消隐选项相似，强制背面隐藏是针对渲染而言的，勾选该复选框后反法线的物体将不可见。
- **灯光**：控制是否开启场景中的光照效果。当取消勾选该复选框时，场景中放置的灯光将不起作用。
- **隐藏灯光**：控制场景是否让隐藏的灯光产生光照。这个选项对于调节场景中的光照非常方便。
- **阴影**：控制场景是否产生阴影。
- **仅显示全局照明**：当勾选该复选框时，场景渲染结果只显示全局照明的光照效果。
- **概率灯光**：控制场景是否使用3ds Max系统中的默认光照，通常不会勾选该复选框。
- **不渲染最终的图像**：控制是否渲染最终图像。
- **反射/折射**：控制是否开启场景中材质的反射和折射效果。
- **覆盖深度**：控制整个场景中的反射、折射的最大深度，右侧的数值表示反射、折射的次数。
- **光泽效果**：是否开启反射或折射模糊效果。
- **贴图**：控制是否让场景中物体的程序贴图和纹理贴图渲染出来。
- **过滤贴图**：这个选项用来控制VRay渲染时是否使用贴图纹理过滤。
- **过滤GI**：控制是否在全局照明中过滤贴图。
- **最大透明级别**：控制透明材质被光线追踪的最大深度。值越高，被光线追踪的深度越深，效果越好，但渲染速度会变慢。
- **透明中止**：控制VRay渲染器对透明材质的追踪终止值。
- **覆盖材质**：当在后面的通道中设置了一个材质后，那么场景中所有的物体都将使用该材质进行渲染，这在测试阳光的方向时非常有用。
- **二次光偏移**：设置光线发生二次反弹时候的偏移距离，主要用于检查建模时有无重面。
- **传统阳光/天光/摄影机模式**：由于3ds Max存在版本问题，因此该选项可以选择是否启用旧版阳光/天光/相机的模式。
- **3ds Max光度学比例**：默认情况下是勾选该复选框的，也就是默认使用3ds Max光度学比例。

3. 图像采样器（反锯齿）

抗锯齿在渲染设置中是一个必须调整的参数，其数值的大小决定了图像的渲染精度和渲染时间，但抗锯齿与全局照明精度的高低没有关系，只作用于场景物体的图像和物体的边缘精度，其参数卷展栏，如下左图所示。

- **类型**：设置图像采样器的类型，包括固定、自适应和自适应细分。
- **划分着色细分**：当关闭抗锯齿过滤器时，常用于测试渲染，渲染速度非常快、质量较差。
- **图像过滤器**：设置渲染场景的抗锯齿过滤器。当勾选"图像过滤器"复选框后，即可从后面的下拉列表中选择一个抗锯齿方式来对场景进行抗锯齿处理。
- **大小**：设置过滤器的大小。

4. 自适应图像采样器

自适应图像采样器是一种高级抗锯齿采样器。在"图像采样器"选项组下设置"类型"为自适应，此时系统会增加一个"自适应图像采样器"卷展栏，如下右图所示。

- **最小细分**：定义每个像素使用样本的最小数量。
- **最大细分**：定义每个像素使用样本的最大数量。
- **使用确定性蒙特卡洛采样器阈值**：若勾选该复选框，颜色阈值将不起作用。
- **颜色阈值**：色彩的最小判断值，当色彩的判断达到这个值以后，就停止对色彩的判断。

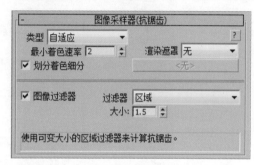

5. 环境

"环境"卷展栏分为全局照明环境（天光）覆盖、反射/折射环境覆盖和折射环境覆盖3个选项组，如下左图所示。

(1) 全局照明（GI）环境
- **全局照明(GI)环境**：控制是否开启VRay的天光。
- **颜色**：设置天光的颜色。
- **倍增**：设置天光亮度的倍增。值越高，天光的亮度越高。

(2) 反射/折射环境
- **反射/折射环境**：当勾选该复选框后，当前场景中的反射环境将由它来控制。
- **颜色**：设置反射环境的颜色。
- **倍增**：设置反射环境亮度的倍增。值越高，反射环境的亮度越高。

(3) 折射环境
- **折射环境**：当勾选该复选框后，当前场景中的折射环境由它来控制。
- **颜色**：设置折射环境的颜色。
- **倍增**：设置反射环境亮度的倍增。值越高，折射环境的亮度越高。

6. 颜色贴图

"颜色贴图"卷展栏下的参数用来控制整个场景的色彩和曝光方式，下面仅以专家模式面板进行介绍，其参数设置面板如下右图所示。

- **类型**：包括线性倍增、指数、HSV指数、强度指数、伽玛校正、强度伽玛、莱因哈德7种模式。
- **线性倍增**：这种模式将基于最终色彩亮度来进行线性的倍增，容易产生曝光效果，不建议使用。
- **指数**：这种曝光采用指数模式，可以降低靠近光源处表面的曝光效果，产生柔和效果。
- **HSV指数**：其与指数曝光相似，不同在于可保持场景的饱和度。

- **强度指数**：这种方式是对上面两种指数曝光的结合，既抑制曝光效果，又保持物体的饱和度。
- **伽玛校正**：采用伽玛来修正场景中的灯光衰减和贴图色彩，其效果和线性倍增曝光模式类似。
- **强度伽玛**：这种曝光模式不仅拥有伽玛校正的优点，同时还可以修正场景灯光的亮度。
- **莱因哈德**：这种曝光方式可以把线性倍增和指数曝光混合起来。
- **子像素贴图**：勾选该复选框后，物体的高光区与非高光区的界限处不会有明显的黑边。
- **钳制输出**：勾选该复选框后，在渲染图中有些无法表现出来的色彩会通过限制来自动纠正。
- **影响背景**：控制是否让曝光模式影响背景。当取消勾选该复选框时，背景不受曝光模式的影响。
- **线性工作流**：该选项就是一种通过调整图像的灰度值，来使得图像得到线性化显示的技术流程。

8.2.3 GI

GI在VRay渲染器中被理解为间接光照。这里主要介绍GI选项卡下的常用的几个卷展栏。

1. 全局照明

在修改VRay渲染器时，首先要开启全局照明，这样才能出现真实的渲染效果。开启VRay GI后，光线会在物体与物体间互相反弹，因此光线计算会更准确，图像也更加真实，如右图所示。

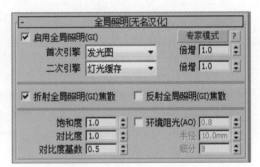

- **启用全局照明**：勾选该复选框后，将开启GI效果。
- **首次引擎/二次引擎**：VRay计算的光的方法是真实的，光线发射出来然后进行反弹，再进行反弹。
- **倍增**：控制首次引擎和二次引擎光的倍增值。
- **反射全局照明焦散**：控制是否开启反射焦散效果。
- **折射全局照明焦散**：控制是否开启折射焦散效果。
- **饱和度**：可以用来控制色溢，降低该数值可以降低色溢效果。
- **对比度**：控制色彩的对比度。
- **对比度基数**：控制饱和度和对比度的基数。
- **环境阻光**：该选项可以控制AO贴图的效果。
- **半径**：控制环境阻光（AO）的半径。
- **细分**：环境阻光（AO）的细分。

2. 发光图

在VRay渲染器中，发光图是计算场景中物体的漫反射表面发光的时候采取的一种有效的方法。因此在计算GI的时候，并不是场景的每一个部分都需要同样的细节表现，它会自动判断在重要的部分进行更加准确的计算，而在不重要的部分进行粗略的计算。发光图是计算3D空间点的集合的GI光。发光图是一种常用的全局照明引擎，它只存在于首次引擎中，其参数卷展栏，如下图所示。

（1）基本参数

该选项组主要用来选择当前预设的类型及控制样本的数量、采样的分布等。

- **当前预设**：设置发光图的预设类型，共有以下8种。
- **自定义**：选择该模式时，可以手动调节参数。
- **非常低**：这是一种非常低的精度模式，主要用于测试阶段。
- **低**：一种比较低的精度模式。
- **中**：是一种中级品质的预设模式。
- **中-动画**：用于渲染动画效果，可以解决动画闪烁的问题。
- **高**：一种高精度模式，一般用在光子贴图中。
- **高-动画**：比中等品质效果更好的一种动画渲染预设模式。
- **非常高**：是预设模式中精度最高的一种，可以用来渲染高品质的效果图。

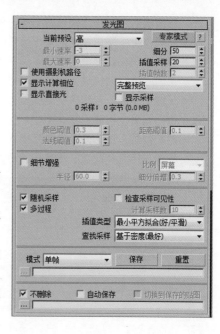

- **最小/最大速率**：主要控制场景中平坦面积比较大，细节比较多，弯曲较大的面的质量受光。
- **细分**：数值越高，表现光线越多，精度也就越高，渲染的品质也越好。
- **插值采样**：这个参数是对样本进行模糊处理，数值越大渲染越精细。
- **插值帧数**：该数值用于控制插补的帧数。
- **使用摄影机路径**：勾选该复选框将会使用相机的路径。
- **显示计算相位**：勾选复选框后，可看到渲染帧里的GI预计算过程，建议勾选。
- **显示直接光**：在预计算的时候显示直接光，以方便用户观察直接光照的位置。
- **显示采样**：显示采样的分布以及分布的密度，帮助用户分析GI的精度够不够。

(2) 选项

该选项组中的参数主要用于控制渲染过程的显示方式和样本是否可见。

- **颜色阈值**：这个值主要是让渲染器分辨哪些是平坦区域，哪些不是平坦区域，它是按照颜色的灰度来区分的。值越小，对灰度的敏感度越高，区分能力越强。
- **法线阈值**：这个值主要是让渲染器分辨哪些是交叉区域，哪些不是交叉区域，它是按照法线的方向来区分的。值越小，对法线方向的敏感度越高，区分能力越强。
- **距离阈值**：这个值主要是让渲染器分辨哪些是弯曲表面区域，哪些不是弯曲表面区域，它是按照表面距离和表面弧度的比较来区分的。值越高，表示弯曲表面的样本越多，区分能力越强。

(3) 细节增强

细节增强是使用高蒙特卡洛积分计算方式来单独计算场景物体的边线、角落等细节地方，这样就可以在平坦区域不需要很高的GI，总体上来说节约了渲染时间，并且提高了图像的品质。

- **细节增强**：是否开启细部增强功能，勾选后细节非常精细，但是渲染速度非常慢。
- **比例**：细分半径的单位依据，有屏幕和世界两个单位选项。屏幕是指用渲染图的最后尺寸来作为单位；世界是用3ds Max系统中的单位来定义的。
- **半径**：半径值越大，使用细部增强功能的区域也就越大，渲染时间也越慢。
- **细分倍增**：控制细部的细分，但是这个值和发光图里的细分有关系。值越低，细部就会产生杂点，渲染速度比较快；值越高，细部就可以避免产生杂点，同时渲染速度会变慢。

(4) 高级选项

该选项组下的参数主要是对样本的相似点进行插值、查找。

- **随机采样**：控制发光图的样本是否随机分配。
- **多过程**：当勾选该复选框时，VRay会根据最大比率和最小比率进行多次计算。
- **检查采样可见性**：在灯光通过比较薄的物体时，很有可能会产生漏光现象，勾选该复选框可以解决这个问题。

- **计算采样数**：用在计算发光图过程中，主要计算已经被查找后的插补样本的使用数量。较低的数值可以加速计算过程，但是渲染质量较低；较高的值计算速度会减慢，渲染质量较好。推荐使用10~25之间的数值。
- **插值类型**：VRay提供了4种样本插补方式，为发光图的样本的相似点进行插补。
- **查找采样**：它主要控制哪些位置的采样点是适合用来作为基础插补的采样点。VRay内部提供了4种样本查找方式。

(5) 模式

该选项组中的参数主要是提供发光图的使用模式。

- **模式**：一共有以下8种模式。
- **单帧**：一般用来渲染静帧图像。
- **多帧增量**：用于渲染仅有摄影机移动的动画。当VRay计算完第1帧的光子后，后面的帧根据第1帧里没有的光子信息进行计算，节约了渲染时间。
- **从文件**：当渲染完光子以后，可以将其保存起来，这个选项就是调用保存的光子图进行动画计算。
- **添加到当前贴图**：当渲染完一个角度的时候，可以把摄影机转一个角度再全新计算新角度的光子，最后把这两次的光子叠加起来，这样的光子信息更丰富、更准确，同时也可以进行多次叠加。
- **增量添加到当前贴图**：这个模式和添加到当前贴图相似，只不过它不是全新计算新角度的光子，而是只对没有计算过的区域进行新的计算。
- **块模式**：把整个图分成块来计算，渲染完一个块再进行下一个块的计算，但是在低GI的情况下，渲染出来的块会出现错位的情况。它主要用于网络渲染，速度比其他方式快。
- **动画（预通过）**：适合动画预览，使用这种模式要预先保存好光子贴图。
- **动画（渲染）**：适合最终动画渲染，这种模式要预先保存好光子贴图。
- **保存**：将光子图保存到硬盘。
- **重置**：将光子图从内存中清除。
- **文件**：设置光子图所保存的路径。

(6) 渲染结束时光子图处理

该选项组中的参数主要用于控制光子图在渲染完以后如何处理。

- **不删除**：当光子渲染完以后，不把光子从内存中删掉。
- **自动保存**：当光子渲染完以后，自动保存在硬盘中。
- **切换到保存的贴图**：当勾选该复选框后，在渲染结束时会自动进入"从文件"模式并调用光子贴图。

3. 灯光缓存

灯光缓存与发光图比较相似，都是将最后的光发散到摄影机后得到最终图像。只是灯光缓存与发光图的光线路径是相反的，发光图的光线追踪方向是从光源发射到场景的模型中，最后再反弹到摄影机，而灯光缓存是从摄影机开始追踪光线到光源，摄影机追踪光线的数量就是灯光缓存的最后精度。

(1) 计算参数

该选项组用于设置灯光缓存的基本参数，比如细分、采样大小、单位依据等。

- **细分**：用来决定灯光缓存的样本数量。值越高，样本总量越多，渲染效果越好，渲染越慢。
- **采样大小**：控制灯光缓存的样本大小，小的样本可以得到更多的细节，但是需要更多的样本。
- **比例**：在效果图中使用"屏幕"选项，在动画中使用

"世界"选项。

- **存储直接光**：勾选该复选框后，灯光缓存将储存直接光照信息。当场景中有很多灯光时，使用这个选项会提高渲染速度。因为它已经把直接光照信息保存到灯光缓存中，在渲染出图的时候，不需要对直接光照再进行采样计算。
- **使用摄影机路径**：勾选该复选框后将使用摄影机作为计算的路径。
- **显示计算相位**：勾选该复选框后，可以显示灯光缓存的计算过程，方便观察。

(2) 反弹参数

该选项组可以控制反弹、自适应跟踪、仅使用方向的参数。

- **反弹**：控制反弹的数量。
- **自适应跟踪**：这个选项的作用在于记录场景中的灯光位置，并在光的位置上采用更多的样本，同时模糊特效也会处理得更快，但是会占用更多的内存资源。
- **仅使用方向**：勾选"自适应跟踪"复选框后，该选项被激活。作用在于只记录直接光照信息，不考虑GI，加快渲染速度。

(3) 重建参数

该选项组主要是对灯光缓存样本以不同的方式进行模糊处理。

- **预滤器**：当勾选该复选框后，可以对灯光缓存样本进行提前过滤，它主要是查找样本边界，然后对其进行模糊处理。后面的值越高，对样本进行模糊处理的程度越深。
- **使用光泽光线**：是否使用平滑的灯光缓存，开启该功能后会使渲染效果更加平滑，但会影响到细节效果。
- **过滤器**：该选项是在渲染最后成图时，对样本进行过滤，其下拉列表中共有以下3个选项。
- **无**：对样本不进行过滤。
- **最近**：当使用这个过滤方式时，过滤器会对样本的边界进行查找，然后对色彩进行均化处理，从而得到一个模糊效果。
- **固定**：这个方式和邻近方式的不同点在于，它采用距离的判断来对样本进行模糊处理。
- **插值采样**：这个参数是对样本进行模糊处理，较大的值可以得到比较模糊的效果，较小的值可以得到比较锐利的效果。
- **折回**：控制折回的阈值数值。

(4) 模式

该选项组发光图中的光子图使用模式基本一致。

- **模式**：设置光子图的使用模式，共有以下4种。
- **单帧**：一般用来渲染静帧图像。
- **穿行**：这个模式用在动画方面，它把第1帧到最后1帧的所有样本都融合在一起。
- **从文件**：使用这种模式，VRay要导入一个预先渲染好的光子贴图，该功能只渲染光影追踪。
- **渐进路径跟踪**：与自适应一样是一个精确的计算方式。不同的是，它不停地去计算样本，不对任何样本进行优化，直到样本计算完毕为止。
- **保存**：将保存在内存中的光子贴图再次进行保存。

(5) 在渲染结束后

该选项组主要用来控制光子图在渲染完以后如何处理。

- **不删除**：当光子渲染完以后，不把光子从内存中删掉。
- **自动保存**：当光子渲染完以后，自动保存在硬盘中，单击"浏览"按钮可以选择保存位置。
- **切换到被保存的缓存**：当勾选该复选框后，系统会自动使用最新渲染的光子图来进行大图渲染。

8.2.4 设置

设置选项卡主要包括默认置换和系统两个卷展栏，下面对"系统"卷展栏下的主要参数进行介绍。该卷展栏下的参数不仅对渲染速度有影响，而且还会影响渲染的显示和提示功能，同时还可以完成联机渲染，其参数卷展栏，如右图所示。

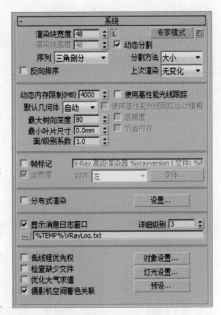

- **渲染块宽度/高度**：表示宽度/高度方向的渲染块的尺寸。
- **序列**：控制渲染块的渲染顺序，共有以下6种方式，分别是从上–>下、左–>右、棋盘格、螺旋、三角剖分、稀耳伯特曲线。
- **反向排序**：当勾选该复选框后，渲染顺序将和设定的顺序相反。
- **动态分割**：控制是否进行动态的分割。
- **上次渲染**：确定在渲染开始时，在3ds Max默认的帧缓冲区框以哪种方式处理渲染图像。
- **动态内存极限**：控制动态内存的总量。
- **默认几何体**：控制内存的使用方式，共有以下3种方式。
- **最大树向深度**：控制根节点的最大分支数量。较高的值会加快渲染速度，同时会占用较多的内存。
- **最小叶片尺寸**：控制叶节点的最小尺寸，当达到叶节点尺寸以后，系统停止计算场景。
- **面/级别系数**：控制一个节点中的最大三角面数量，当未超过临近点时计算速度快。
- **使用高性能光线跟踪**：控制是否使用高性能光线跟踪。
- **使用高性能光线跟踪运动模糊**：控制是否使用高性能光线跟踪运动模糊。
- **高精度**：控制是否使用高精度效果。
- **节省内存**：控制是否需要节省内存。
- **帧标记**：当勾选该复选框后，就可以显示水印。
- **全宽度**：水印的最大宽度。当勾选该复选框后，它的宽度和渲染图像的宽度相当。
- **对齐**：控制水印里的字体排列位置，包括左、中、右3个选项。

知识延伸：3ds Max的网络渲染

3ds Max的网络渲染功能十分强大，其网络渲染的原理就是让所有的计算机一块参加计算，每台计算机算一帧图片，算好后空闲的计算机会自动找到还没有计算的图片进行计算，这样就让原本需要计算n个钟头的动画序列的计算量平均分配到了网络中的n台计算机中去了。

为了利用网络渲染，Autodesk Backburner TM必须随3ds Max一起安装。Backburner软件负责协调如何处理作业指定分配。其中最高效的方式是网络渲染使用在网络上连接的多个计算机来执行渲染任务，通常是渲染具有数百或数千帧的动画。即使是具有三台或四台PC的小型网络也能显著缩短渲染时间，从而可以帮助设计者按照预期的时间完成任务。

如果只有一个 PC并且需要渲染很多图像，则网络渲染也非常有用。用户可以指定需要渲染的作业，并且Backburner可以在远离计算机的情况下管理每个作业的渲染。

网络渲染设计会渲染在场景中设置的对象，即渲染在场景文件中保存的视口、视口的一部分、摄影机视图等。Backburner还可以从"批处理渲染"工具中处理批处理渲染任务。场景中可以通过任意数量的摄影机排列任务。每个任务可以加载保存场景状态或使用特定的渲染预设。此处所述的要求和步骤假设用户是网络管理员，专门为进行网络渲染而设置一个封闭的网络。

上机实训：渲染书房模型

本章中概念和理论方面的知识较多，用户可以结合实际的东西多做测试，将理论和实际联系起来，真正掌握参数的内在含义。这里利用一个小场景的渲染来介绍一下渲染器的使用。

步骤 01 打开模型实例，在此灯光、材质、摄影机等已经创建完毕，如下图所示。

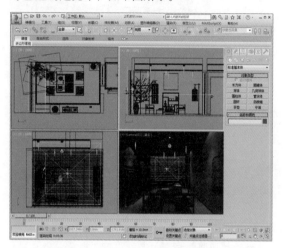

步骤 02 在未设置渲染器的情况下渲染摄影机视口，效果如下图所示。

步骤 03 执行"渲染>渲染设置"命令，打开"渲染设置"对话框，在V-Ray面板中打开"帧缓冲区"卷展栏，取消勾选"启用内置帧缓冲区"复选框，如下图所示。

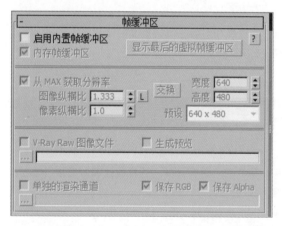

步骤 04 再次渲染摄影机视口，效果如下图所示。

步骤 05 打开"颜色贴图"卷展栏，设置颜色贴图类型为指数，并设置暗度倍增值与明亮倍增值，如下图所示。

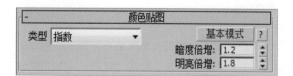

步骤 06 在GI面板中的"全局照明"卷展栏中启用全局照明功能，并设置二次引擎为"灯光缓存"，如下图所示。

步骤 07 在"发光图"卷展栏中设置当前预设模式为"非常低",并设置细分与插值采样的值,如下图所示。

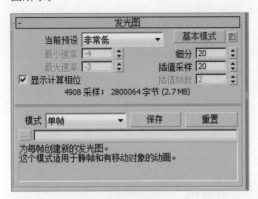

步骤 09 渲染摄影机视图,此为测试效果,如下图所示。

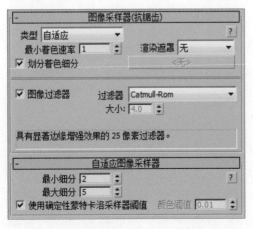

步骤 11 在"图像采样器(抗锯齿)"卷展栏中设置图像过滤器类型为Catmull-Rom,在"自适应图像采样器"卷展栏中设置最大细分和最小细分值,如下图所示。

步骤 08 在"灯光缓存"卷展栏中设置细分等参数,如下图所示。

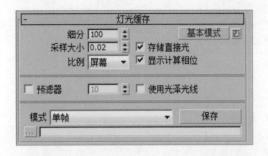

步骤 10 下面来进行最终效果的渲染设置,设置出图大小,如下图所示。

步骤 12 在"全局确定性蒙特卡洛"卷展栏中设置噪波阀值,并勾选"时间独立"复选框,在"环境"卷展栏中勾选"全局照明环境"复选框,如下图所示。

步骤13 在"发光图"卷展栏中设置预设类型，并设置细分及插值采样的值，如下图所示。

步骤14 在"灯光缓冲"卷展栏中设置细分等参数，如下图所示。

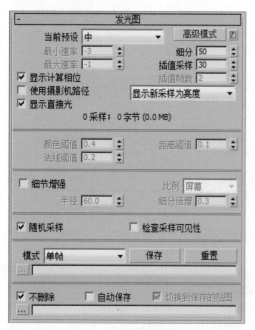

步骤15 在"设置"面板中的"系统"卷展栏设置渲染块宽度值，并设置序列类型为"上->下"，如下图所示。

步骤16 渲染摄影机视图，最终效果如下图所示。

课后练习

1. 选择题

(1) 快速渲染的快捷键是哪一个_____？

　　A. F10　　　　　　B. F9　　　　　　　C. F8　　　　　　　D. F7

(2) 以下_____贴图方式适用于墙面贴图。

　　A. 长方体　　　　B. 平面　　　　　　C. 柱形　　　　　　D. 球形

(3) 渲染对话框中如果要对模型进行净化渲染应该选择哪项_____。

　　A. 帧　　　　　　B. 单帧　　　　　　C. 活动时间段　　　D. 范围

(4) Camera视窗是代表什么视窗_____。

　　A. 透视视图　　　B. 用户视图　　　　C. 摄影机视图　　　D. 顶视图

(5) 以下哪一个为3ds Max默认的渲染器_____。

　　A. Scanline　　　B. Brazil　　　　　C. Vray　　　　　　D. Insight

2. 填空题

(1) 渲染的快捷键有_____和_____两种。

(2) 编辑样条曲线的过程中，只有进入了_____次物体级别，才可能使用"轮廓线"命令。若要将生成的轮廓线与原曲线拆分为两个二维图形，应使用_____命令。

(3) 布尔运算合成建模时，要得到两个物体相交的部分，应使用_____方式。

(4) 若用户已经选择了路径，则在"放样"面板中应激活_____按钮，在视图中选择截面图形进行放样。

(5) 在Boolean中，_____运算可以取两个几何物体的公共部分。

3. 操作题

用户课后可以为创建好的模型设置渲染参数，完成出图参考效果如下。

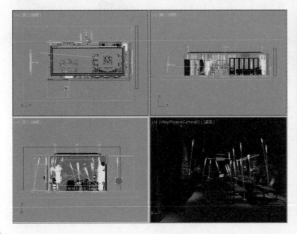

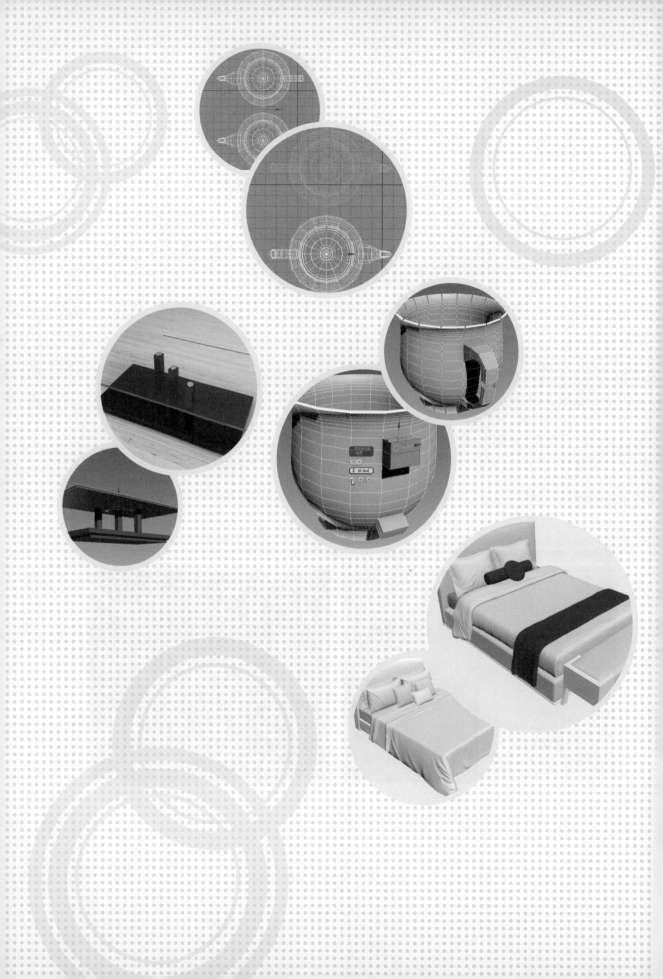

02

PART

综合案例篇

综合案例篇共包含4章内容，分别对3ds Max 2016的应用热点逐一进行理论分析和案例精讲，在巩固前面所学的基础知识的同时，使读者将所学知识应用到日常的工作学习中，真正做到学以致用。

Chapter 09 卧室场景的表现

本章概述

本章介绍3ds Max和VRay软件的相关知识，如文件的创建、导入图形、合并图形、多边形建模、材质与灯光的设置以及渲染设置等，向读者展示其在室内设计领域家装案例中的实际操作。通过对本章内容的学习，读者可以更加顺利的制作出室内效果图，并加强相关命令的使用方法和应用技巧。

核心知识点

❶ 卧室模型的创建
❷ 材质的创建
❸ 室内外灯光的设置
❹ 渲染出图
❺ 后期处理

9.1 创建模型

建模是制作效果图的第一步，在建模之前首先要确定系统的单位，然后根据AutoCAD图纸进行标准建模。

9.1.1 导入CAD平面布局图

建模前期首先要准备好CAD图纸，并将其导入到3ds Max中，其操作步骤如下：

步骤 01 启动3ds Max 2016应用程序，执行"文件>保存"命令，如下左图所示。

步骤 02 打开"文件另存为"对话框，选择文件存储位置后，输入文件名为"卧室"，单击"保存"按钮，即可创建名为"卧室"的模型文件，如下右图所示。

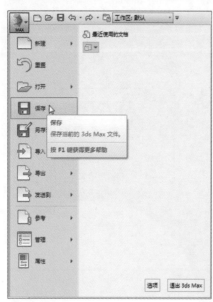 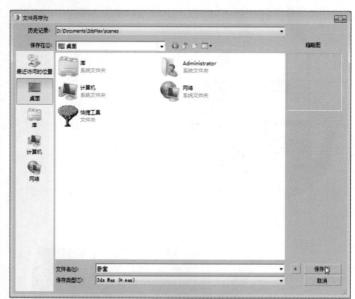

步骤 03 执行"自定义>单位设置"命令，打开"单位设置"对话框，设置公制单位为"毫米"，如下左图所示。

步骤 04 单击"系统单位设置"按钮，打开"系统单位设置"对话框，设置系统比例单位为"毫米"，设置完成后，依次单击"确定"按钮关闭对话框，如下右图所示。

步骤 05 执行"文件>导入>导入"命令，如下左图所示。

步骤 06 打开"选择要导入的文件"对话框，在本地硬盘上选择需要的CAD文件，这里选择"卧室.dwg"文件，如下右图所示。

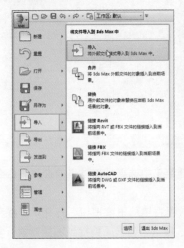

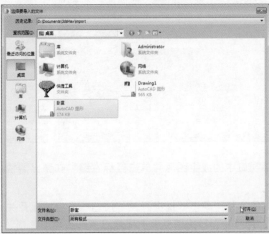

步骤 07 单击"打开"按钮，打开"AutoCAD DWG/DXF导入选项"对话框，保持默认设置，如下左图所示。

步骤 08 单击"确定"按钮，即可将准备好的CAD平面布局图导入到3ds Max中，按G键取消网格显示，如下右图所示。

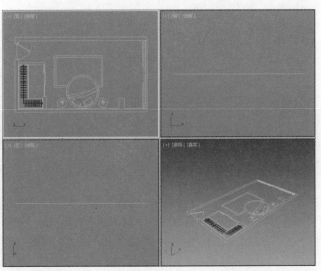

9.1.2 创建卧室框架模型

　　将CAD平面布局图导入到3ds Max后，即可根据该布局图进行卧室框架模型的创建，由于本案例讲述卧室效果的制作，卧室门以及阳台都不会出现在摄像头的视野中，所以在创建框架模型时，可以省略进一步的细化，最后还要将多边形进行分离操作，分离出墙、顶和地，其操作步骤如下：

步骤01 执行Ctrl+A组合键，全选场景中导入的框线图形，接着执行"组 > 组"命令，打开"组"对话框，为其添加组名，并单击"确定"按钮，如下左图所示。

步骤02 单击工具栏中的"选择并移动"按钮 ，选择视口中的成组图形，然后在视口下方将X、Y、Z参数皆设置为0，将成组图形移动到系统坐标的原点处，如下右图所示。

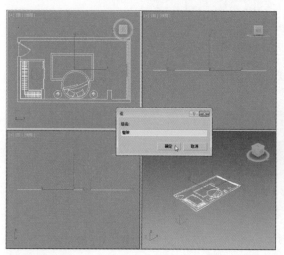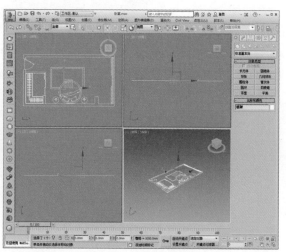

步骤03 选择视口中的成组图形并单击鼠标右键，在弹出的快捷菜单中选择"冻结当前选择"命令，如下左图所示。

步骤04 将对象冻结，单击"捕捉开关"按钮 开启捕捉开关，再右键单击该按钮，打开"栅格和捕捉设置"对话框，在"捕捉"选项卡中选择捕捉点，再在"选项"选项卡中勾选"捕捉到冻结对象"复选框，如下右图所示。

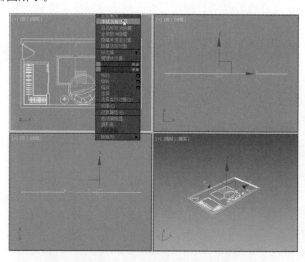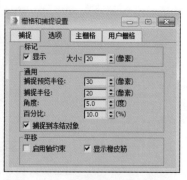

步骤05 关闭"栅格和捕捉设置"对话框，单击"线"按钮，在顶视口中捕捉冻结线框创建封闭样条线，当起点和终点重合时会弹出"样条线"提示对话框，单击"是"按钮，即可闭合样条线，如下左图所示。

步骤06 进入修改命令面板，在修改器列表中选择"挤出"命令，为其添加"挤出"效果，将挤出数量设置为2750，最大化显示透视视口，即可看到挤出后的效果，如下右图所示。

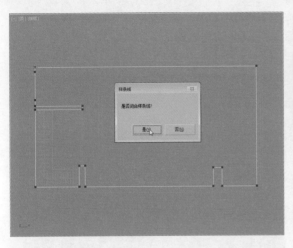 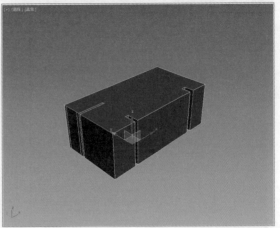

步骤 07 单击关闭"捕捉开关"按钮 ，选择并右键单击挤出后的图形，在弹出的快捷菜单中选择"转换为"命令，在其级联菜单中选择"转换为可编辑多边形"命令，如下左图所示。

步骤 08 进入到修改命令面板，打开"可编辑多边形"列表，单击"多边形"命令，在视口中选择全部图形，单击鼠标右键，在弹出的快捷菜单中单击"翻转法线"命令，如下右图所示。

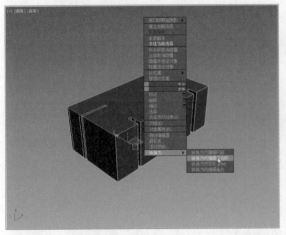 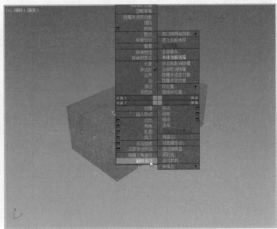

步骤 09 将物体法线进行翻转，用户可以观察到模型内部的结构，如下左图所示。

步骤 10 在透视图中，移动视角到阳台位置，在修改命令面板中选择"边"层级，在图形中选择需要的边，如下右图所示。

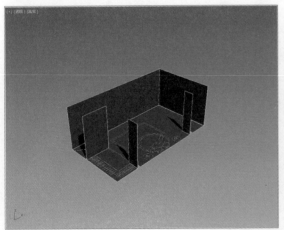 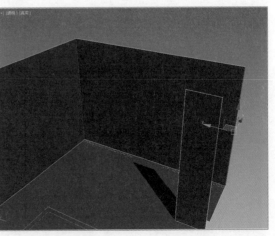

步骤 11 在"编辑边"卷展栏中单击"连接"按钮后的设置按钮，打开"连接边"设置框，设置分段值为2，可以看到新增加的两条边显示为红色，单击"确定"按钮☑，如下左图所示。

步骤 12 选择边，并调整z轴高度为2400mm，如下右图所示。

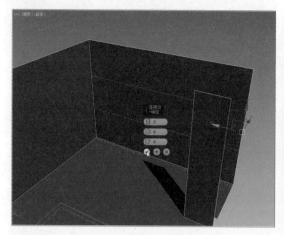 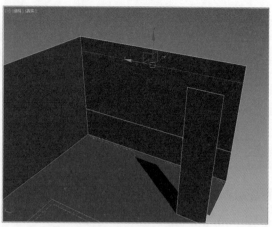

步骤 13 进入"多边形"层级，选择面，如下左图所示。

步骤 14 在"编辑多边形"卷展栏中单击"挤出"右侧的设置按钮，打开"挤出多边形"设置框，设置挤出高度为-300，单击"确定"按钮，如下右图所示。

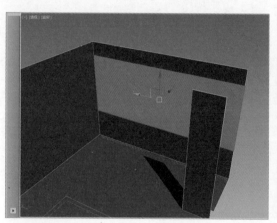 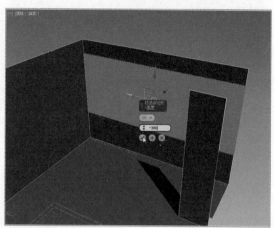

步骤 15 此时可以观察到挤出后的多边形，如下左图所示。

步骤 16 按Delete键将被选中的面删除，如下右图所示。

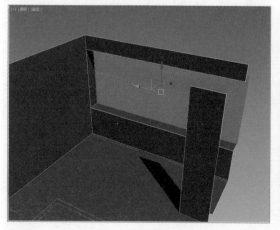 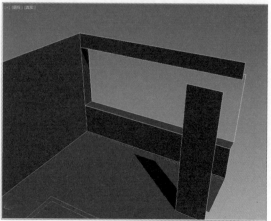

步骤 17 调整模型角度，选择顶部的面，在"编辑多边形"卷展栏中单击"分离"按钮，为分离对象命名，如下左图所示。

步骤 18 单击"确定"按钮，即可分离出顶面，如下右图所示。

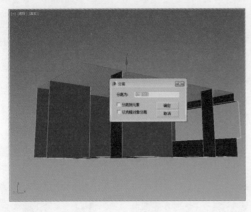
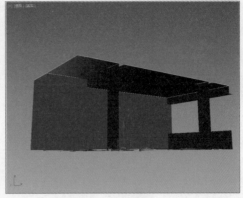

步骤 19 按照上述操作方法再分离出地面，如下左图所示。

步骤 20 开启捕捉开关，单击"长方体"按钮，捕捉绘制两个长方体并设置高度，用以补充墙体及顶部，如下右图所示。

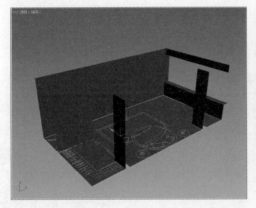
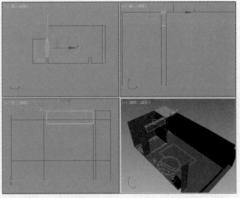

9.1.3　创建吊顶石膏线及推拉门模型

下面接着创建推拉门模型以及石膏线造型，其操作步骤如下：

步骤 01 使用矩形工具，在顶视图中捕捉绘制一个矩形，如下左图所示。

步骤 02 将其转化为可编辑样条线，进入修改命令面板，选择"样条线"层级，在"几何体"卷展栏中设置轮廓值为20，按回车键，即可将矩形框向内偏移复制，如下右图所示。

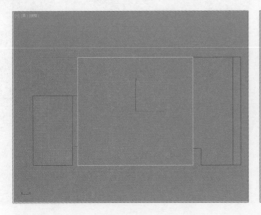
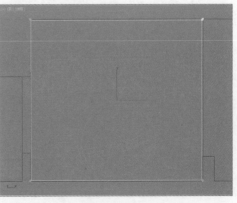

步骤 03 在修改器列表中单击"挤出"命令，并设置挤出值为200，制作出石膏线造型并调整位置，如下左图所示。

步骤 04 切换到左视图，使用矩形工具捕捉绘制矩形，如下右图所示。

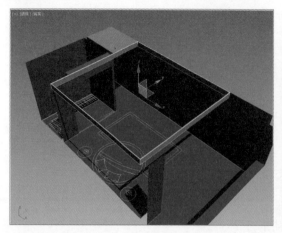 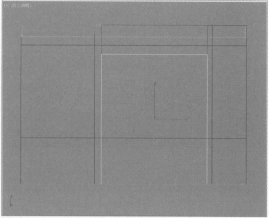

步骤 05 调整宽度为原本的一半，并将其转化为可编辑样条线，如下左图所示。

步骤 06 选择"样条线"层级，在"几何体"卷展栏中设置轮廓值为60，按回车键确认，再在修改器列表中选择"挤出"选项，设置挤出值为40，绘制推拉门门框，如下右图所示。

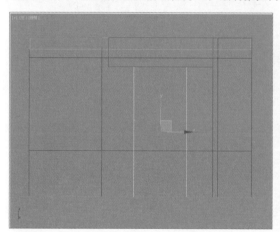 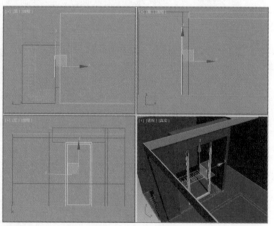

步骤 07 在左视图中捕捉推拉门门框绘制长方体，并设置高度，绘制出一扇推拉门模型，如下左图所示。

步骤 08 再复制一扇门，调整推拉门位置，如下右图所示。

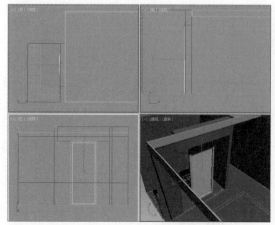 

9.1.4 创建床头背景墙模型

下面将对床头背景墙模型的制作过程进行介绍，操作步骤介绍如下：

步骤 01 单击"矩形"命令，在左视图绘制120mm×12mm的矩形，如下左图所示。

步骤 02 将其转换为可编辑样条线，进入修改命令面板，选择"顶点"层级，选择两个顶点，在"几何体"卷展栏中单击"圆角"按钮，并在后方数值框中输入6，按回车键确认操作，即可对样条线进行圆角操作，如下右图所示。

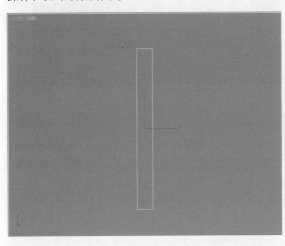 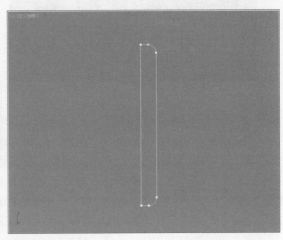

步骤 03 单击"线"按钮，在顶视图中捕捉绘制一条线，如下左图所示。

步骤 04 选择前面绘制的样条线，在"复合对象"面板中单击"放样"按钮，在打开的"创建方法"卷展栏中单击"获取路径"按钮，在顶视图中单击样条线，即可放样出一个模型，如下右图所示。

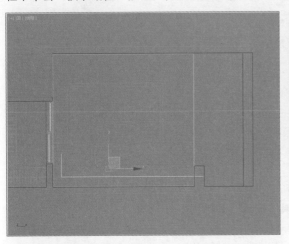 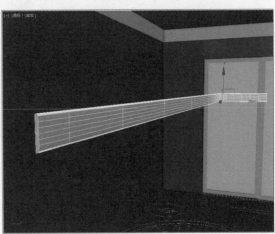

提示 ▶ 实例复制模型

在复制模型时，按住Shift键拖动模型，即可弹出"克隆选项"对话框，在其中勾选"实例"复选框并设置副本数，以便于后期为模型添加UVW贴图时，整体模型的贴图一致。

步骤 05 在"蒙皮参数"卷展栏中勾选"优化图形"复选框，再设置路径步数为0，将模型移动对齐到适当的位置，如下左图所示。

步骤 06 复制模型，直至铺满背景墙，如下右图所示。

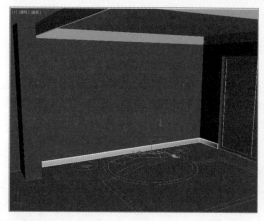

9.1.5　合并成品模型

　　完成模型的创建后，即可将成品模型合并到当前场景中。在此需要说明的是，该室内模型中的装饰物模型，用户可以自行创建，也可以通过网络下载来节省建模的时间。将成品模型合并到当前场景中的操作过程如下：

步骤 01 执行"文件>导入>合并"命令，如下左图所示。

步骤 02 打开"合并文件"对话框，选择需要的模型文件，单击"打开"按钮，如下右图所示。

步骤 03 将模型合并到场景，并调整位置，如下左图所示。

步骤 04 按照上面的操作步骤，依次合并床头柜、灯具等模型，如下右图所示。

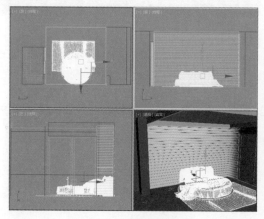
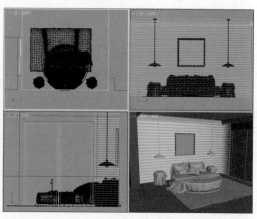

9.2　检测模型并创建摄影机

　　下面将介绍如何在3ds Max中打开并检测已经创建完成的场景模型，以及如何创建摄影机确定理想的观察角度。具体操作步骤如下：

步骤 01　执行"渲染＞渲染设置"命令，打开"渲染设置"对话框，在V-Ray选项卡下的"全局开关"卷展栏中勾选"覆盖材质"复选框，添加"标准"材质，如下左图所示。

步骤 02　按F9键渲染透视视图，如下右图所示，检测模型是否有破面等，以便进行调整。

 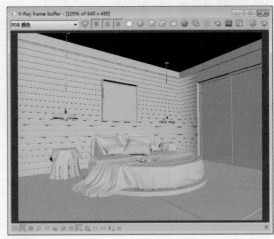

步骤 03　在顶视图中创建一架摄影机，调整摄影机高度及角度，并设置镜头为24mm，如下左图所示。

步骤 04　选择透视视口，在键盘上按C键进入摄影机视口，再按F9键，即可进行渲染，如下右图所示。

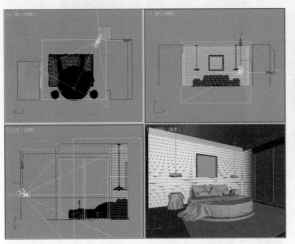 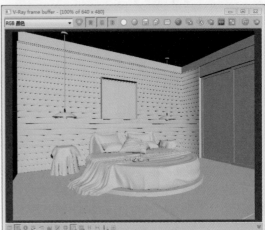

9.3　设置场景材质

　　制作卧室效果图，除了灯光外，还需要运用细腻的材质来表现出温馨柔软的感觉，从而表现出场景的真实性。下面将介绍如何为场景中的所有对象分别设置材质。

9.3.1　设置建筑主体材质

　　建筑主体材质包括墙面乳胶漆材质、墙板造型材质以及地面的地板材质。本小节将对这些材质的设置进行详细的介绍，具体操作步骤如下：

步骤 01 按M键打开材质编辑器，在材质球示例窗中选择一个未使用的材质球，设置材质类型为VRayMtl，再设置漫反射颜色为淡黄色，如下左图所示。

步骤 02 设置漫反射颜色为浅黄色，其他参数保持默认设置，如下右图所示。

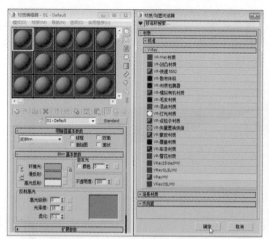

步骤 03 漫反射颜色参数设置如下左图所示。

步骤 04 设置好的乳胶漆材质球效果，如下右图所示。

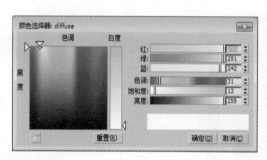
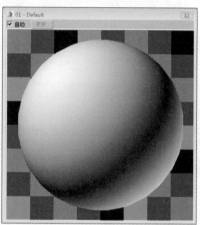

步骤 05 接着设置木地板材质。选择一个空白材质球，设置材质类型为VRayMtl，在"贴图"卷展栏中分别为漫反射通道、粗糙度通道以及凹凸通道添加位图贴图，设置粗糙度和凹凸值，如下左图所示。

步骤 06 为漫反射通道添加的位图贴图如下右图所示。

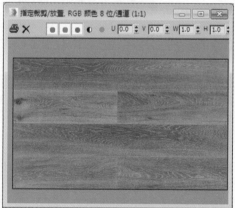

步骤 07 为粗糙度通道和凹凸通道添加的位图贴图分别如下图所示。

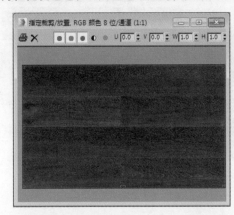 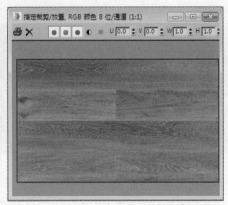

步骤 08 返回到基本参数设置卷展栏，设置反射颜色及反射参数，如下左图所示。

步骤 09 反射颜色参数设置如下右图所示。

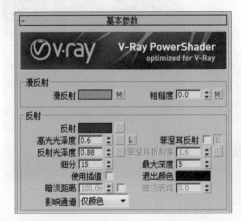 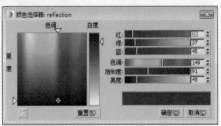

步骤 10 设置好的木地板材质球如下左图所示。

步骤 11 要设置墙板材质，则先选择一个空白材质球，设置材质类型为VRayMtl，在"贴图"卷展栏中为漫反射通道以及凹凸通道添加相同的位图贴图，再设置凹凸值，如下右图所示。

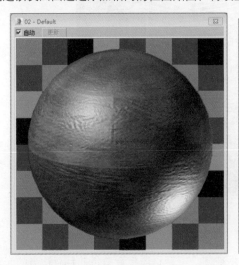

步骤 12 所添加的位图贴图如下左图所示。

步骤 13 返回到"基本参数"卷展栏，设置反射颜色及反射参数，如下右图所示。

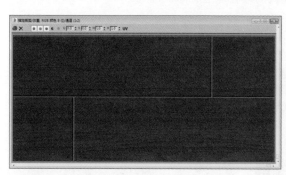

步骤14 反射颜色参数设置如下左图所示。

步骤15 设置好的墙板材质球如下右图所示。

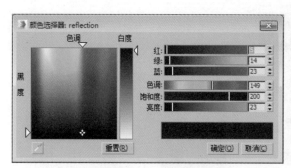

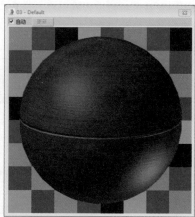

步骤16 将创建的材质指定给场景中的墙体顶面及地面，效果如下图所示。

9.3.2 设置门框及艺术玻璃材质

场景中的更衣室推拉门采用的是塑钢门框和艺术玻璃，塑钢材质接近白色并且有适当的光泽效果，艺术玻璃材质同普通的玻璃材质不同，它没有透视效果，也就是在制作材质时无需考虑折射参数的设置，有纹理并且有一些反射效果。下面对门框和艺术玻璃材质的设置进行详细介绍。

步骤 01 首先设置门框材质，在材质球示例窗中选择一个空白材质球，设置材质类型为VRayMtl，设置漫反射颜色与反射颜色，再设置反射参数，如下左图所示。

步骤 02 漫反射颜色及反射颜色参数设置如下右图所示。

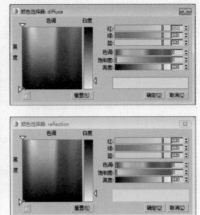

步骤 03 设置好的门框材质球如下左图所示。

步骤 04 接着设置艺术玻璃材质，在材质球实例窗中选择一个未使用的材质球，单击 Standard 按钮，在弹出的材质/贴图浏览器中选择材质类型为混合材质，设置材质1与材质2的材质类型为VRayMtl，并为遮罩材质添加位图贴图，如下右图所示。

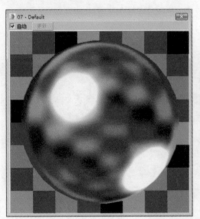

步骤 05 打开材质1参数卷展栏，设置漫反射及反射颜色，再设置反射参数，如下左图所示。

步骤 06 漫反射颜色及反射颜色设置如下右图所示。

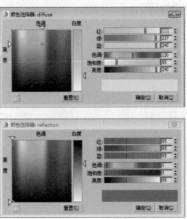

步骤 07 再打开材质2参数卷展栏，设置漫反射颜色及反射颜色，并设置反射参数，如下左图所示。

步骤 08 漫反射颜色及反射颜色设置如下右图所示。

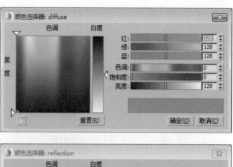

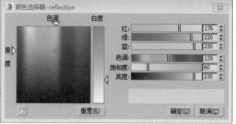

步骤 09 为遮罩材质添加的位图贴图如下左图所示。

步骤 10 将材质指定给场景中的推拉门玻璃模型，效果如下右图所示。

9.3.3 设置双人床材质

本案例中的双人床上布艺物品较多，所以需要创建多个材质，下面将对这些布艺材质的具体创建过程进行逐一介绍。

步骤 01 要创建床品布料材质，则在材质球示例窗中选择一个未使用的材质球，设置材质类型为VRayMtl，为漫反射通道添加衰减贴图，为凹凸通道添加位图贴图，并设置凹凸值，如下左图所示。

步骤 02 在"衰减参数"卷展栏中设置衰减颜色并添加位图贴图，该贴图同凹凸通道的位图贴图相同，如下右图所示。

-	贴图	
漫反射	100.0 ↕ ☑	贴图 #5（Falloff）
粗糙度	100.0 ↕ ☑	无
自发光	100.0 ↕ ☑	无
反射	100.0 ↕ ☑	无
高光光泽	100.0 ↕ ☑	无
反射光泽	100.0 ↕ ☑	无
菲涅耳折射率	100.0 ☑	无
各向异性	100.0 ↕ ☑	无
各向异性旋转	100.0 ☑	无
折射	100.0 ↕ ☑	无
光泽度	100.0 ↕ ☑	无
折射率	100.0 ↕ ☑	无
半透明	100.0 ↕ ☑	无
烟雾颜色	100.0 ↕ ☑	无
凹凸	15.0 ↕ ☑	贴图 #7 (025.jpg)
置换	100.0 ↕ ☑	无
不透明度	100.0 ↕ ☑	无
环境	☑	无

-	衰减参数	
前:侧		
⬜	100.0 ↕	贴图 #6 (025.jpg) ☑
⬜	100.0 ↕	无 ☑
衰减类型:	垂直/平行	
衰减方向:	查看方向(摄影机 Z 轴)	
模式特定参数:		
对象:	无	
Fresnel 参数:		
☑ 覆盖材质 IOR	折射率	1.6 ↕
距离混合参数:		
近端距离: 0.0mm ↕	远端距离: 100.0mm ↕	
		外推 ☐

步骤03 创建的位图贴图效果，如下左图所示。

步骤04 设置好的布料材质球效果，如下右图所示。

步骤05 在材质球示例窗中选择一个未使用的材质球，设置材质类型为VRayMtl，为漫反射通道添加衰减贴图，进入衰减参数卷展栏，为衰减颜色通道添加位图贴图，再设置衰减类型，如下左图所示。

步骤06 所添加位图贴图的效果，如下右图所示。

-	衰减参数	
前:侧		
⬛	100.0 ↕	贴图 #9 (10656.jpg) ☑
⬜	100.0 ↕	无 ☑
衰减类型:	Fresnel	
衰减方向:	查看方向(摄影机 Z 轴)	
模式特定参数:		
对象:	无	
Fresnel 参数:		
☑ 覆盖材质 IOR	折射率	1.6 ↕
距离混合参数:		
近端距离: 0.0mm ↕	远端距离: 100.0mm ↕	
		外推 ☐

步骤 07 设置好的布料材质球如下左图所示。

步骤 08 将材质分别指定给场景中的模型，并为模型添加UVW贴图，设置贴图参数，如下右图所示。

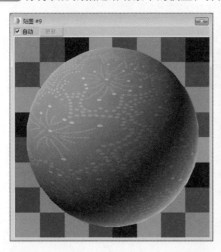

步骤 09 按照床单材质的创建方法再创建床头柜布罩材质，如下左图所示。

步骤 10 将材质指定给场景中的床头柜布罩以及抱枕模型，并为其添加UVW贴图，效果如下右图所示。

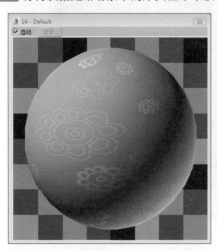

步骤 11 再按照此方法创建另一种抱枕材质，如下左图所示。

步骤 12 将材质分别指定给场景中的模型，并为其添加UVW贴图，如下右图所示。

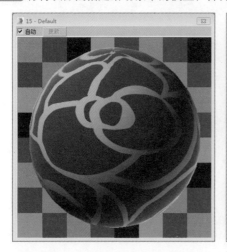

步骤13 要设置床头靠背材质，则在材质球示例窗中选择一个未使用的材质球，设置材质类型为VRayMtl，为漫反射通道添加位图贴图，并设置反射颜色及反射参数，如下左图所示。

步骤14 为漫反射通道添加的位图贴图如下右图所示。

步骤15 反射颜色参数设置如下左图所示。

步骤16 设置好的靠背材质球如下右图所示。

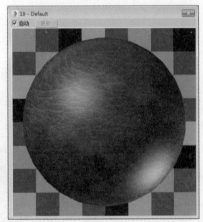

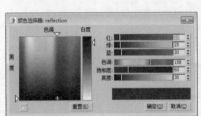

步骤17 要设置床板材质，则在材质球示例窗中选择一个未使用的材质球，设置材质类型为VRayMtl，设置漫反射颜色与反射颜色，并设置反射参数，如下左图所示。

步骤18 漫反射颜色与反射颜色参数设置如下右图所示。

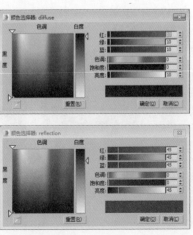

步骤 19 设置好的床板材质球如下左图所示。

步骤 20 将创建的材质分别指定给场景中的模型，如下右图所示。

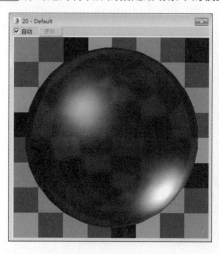

步骤 21 接着设置地毯材质，在材质球示例窗中选择一个未使用的材质球，设置材质类型为VRayMtl，为漫反射通道和凹凸通道添加位图贴图，如下左图所示。

步骤 22 所添加的位图贴图如下右图所示。

步骤 23 设置好的地毯材质球如下左图所示。

步骤 24 将材质指定给场景中的地毯模型，并添加UVW贴图，如下右图所示。

9.3.4 设置吊灯及装饰品材质

场景中还剩下吊灯以及一些装饰品的材质未创建，具体创建步骤如下：

步骤 01 首先设置吊灯材质，在材质球示例窗中选择一个未使用的材质球，设置材质类型为VRayMtl，设置漫反射颜色、反射颜色以及反射参数，如下左图所示。

步骤 02 漫反射颜色与反射颜色参数设置如下右图所示。

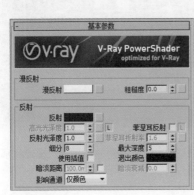
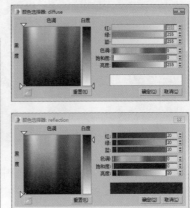

步骤 03 设置好的材质球如下左图所示。

步骤 04 将材质指定给场景中的吊灯模型，如下右图所示。

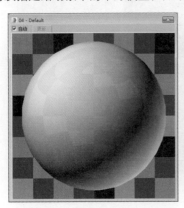

步骤 05 接着设置画框材质，在材质球示例窗中选择一个未使用的材质球，设置材质类型为VRayMtl，设置漫反射颜色、反射颜色以及反射参数，如下左图所示。

步骤 06 漫反射颜色与反射颜色设置如下右图所示。

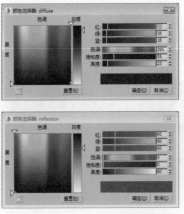

步骤 07 设置好的画框材质球如下左图所示。

步骤 08 再创建装饰画材质，将材质指定给装饰画模型，如下右图所示。

步骤 09 接着设置不锈钢托盘材质，在材质球示例窗中选择一个未使用的材质球，设置材质类型为VRayMtl，设置漫反射颜色、反射颜色以及反射参数，如下左图所示。

步骤 10 反射颜色参数设置如下右图所示。

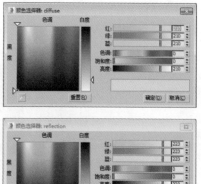

步骤 11 设置好的不锈钢材质球如下左图所示。

步骤 12 然后设置花瓶材质，在材质球示例窗中选择一个未使用的材质球，设置材质类型为VRayMtl，设置漫反射颜色为白色，为反射通道添加衰减贴图，再取消勾选"菲涅尔反射"复选框，如下右图所示。

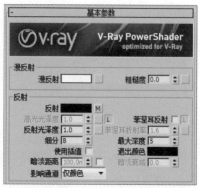

步骤13 进入衰减参数设置卷展栏，设置衰减类型，如下左图所示。

步骤14 设置好的花瓶材质球如下左图所示。

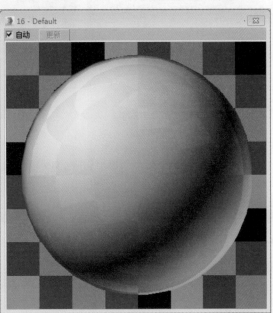

步骤15 最后创建花朵与水果材质球，分别为漫反射通道添加位图贴图，如下左图所示。

步骤16 将这三种材质分别赋予到场景中的水果、花瓣、花枝模型上，效果如下右图所示。

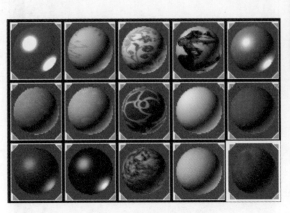

9.4　设置场景光源

此场景为日光下的卧室场景，主要光源为室外光源及室内的辅助灯光。下面先介绍户外环境光源的设置，然后介绍室内灯光的设置，具体操作步骤如下：

步骤01 在创建场景光源之前，首先要设置渲染参数，打开渲染设置对话框，开启全局照明，设置首次引擎为发光图，二次引擎为灯光缓存，在"发光图"卷展栏中设置预设等级为非常低，在"灯光缓存"卷展栏中设置细分值为100，如下左图所示。

步骤02 单击VRay灯光创建命令面板中的"VRay灯光"按钮，在前视口中创建一盏VRay灯光，并将光源移动到窗户外侧，如下右图所示。

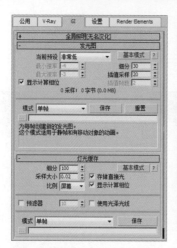

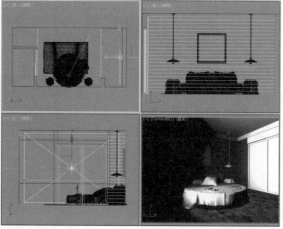

步骤 03 选择VRay灯光进入到修改命令面板，设置灯光参数，如下左图所示。

步骤 04 渲染摄影视口，可以看到场景中有了来自户外的光线，但是整体曝光，如下右图所示。

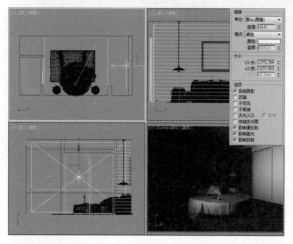

步骤 05 在摄影机视口中再调整灯光颜色为浅蓝色，模拟天空光，接着对灯光强度稍作调整，灯光颜色参数设置如下左图所示。

步骤 06 渲染摄影视口，整体光线变得比较自然，如下右图所示。

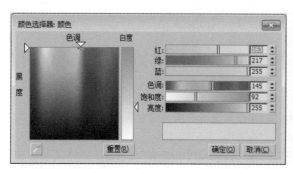

步骤 07 在顶视口中创建一盏VR灯光，调整灯光位置及参数，效果如下左图所示。

步骤 08 渲染摄影视口，可以看到双人床位置稍微提亮了一些，效果如下右图所示。

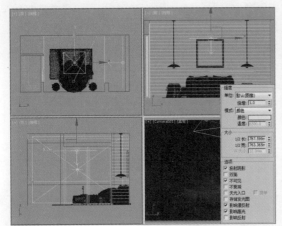

步骤 09 再次创建VR灯光，并调整灯光参数，放置于更衣间，用来模拟更衣间的辅助光源，如下左图所示。

步骤 10 渲染摄影机视口可以看到，由于更衣间推拉门的反射，整体光线又稍微加强，效果如下右图所示。

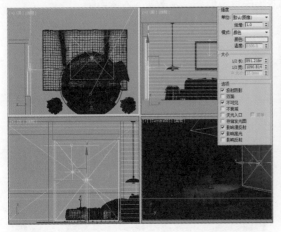

步骤 11 创建VR灯光，调整灯光参数，调整至台灯位置，并复制另一侧光源，模拟台灯光源，如下左图所示。

步骤 12 渲染摄影机视口，效果如下右图所示。

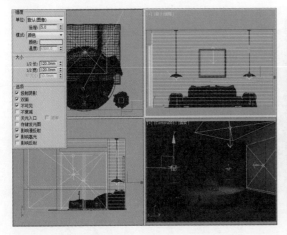

步骤13 单击光度学灯光创建命令面板中的"目标灯光"按钮，在顶视口中创建一盏目标灯光，调整灯光位置及角度，进入修改命令面板，为目标灯光添加光域网并修改灯光参数，如下左图所示。

步骤14 渲染摄影机视口，效果如下右图所示。从渲染效果中可以看到，添加目标灯光后，场景的光线强度并没有太大的变化。

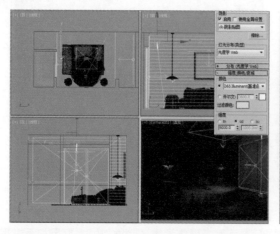

步骤15 复制多个光源并调整灯光位置及角度，如下左图所示。

步骤16 渲染摄影机视口，整体场景较为明亮，但是双人床位置偏亮，效果如下右图所示。

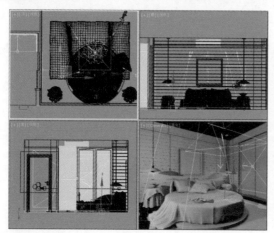

步骤17 调整双人床位置的VR灯光强度以及目标灯光的强度，参数设置如下左图所示。随后再次渲染，效果如下右图所示。

9.5 设置渲染参数并渲染

本节将介绍如何在渲染面板设置渲染正图的参数。通常是在测试完成后，不再需要对场景中的对象进行调整，才可以设置正图的渲染参数并开始渲染，具体操作步骤如下：

步骤 01 执行"渲染 > 渲染设置"命令，打开"渲染设置"对话框，在"公用参数"卷展栏中设置输出大小，如下左图所示。

步骤 02 在"帧缓冲区"卷展栏中取消勾选"启用内置帧缓冲区"复选框，如下右图所示。

 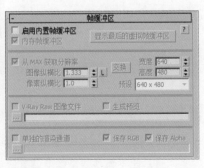

步骤 03 打开"图像采样器（抗锯齿）"卷展栏，设置图像采样器类型为自适应，设置过滤器类型为 Mitchell-Netravali，如下右图所示。

步骤 04 在"全局确定性蒙特卡洛"卷展栏中设置噪波阀值和最小采样值，在"颜色贴图"卷展栏中设置贴图类型为指数，如下右图所示。

 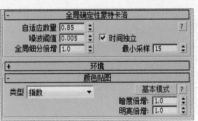

步骤 05 在"发光图"卷展栏中设置当前预设等级为中，设置细分值及插值采样值，再设置灯光缓存细分值，勾选"显示直接光"复选框，如下左图所示。

步骤 06 在"灯光缓存"卷展栏中设置细分值为1000，如下右图所示。

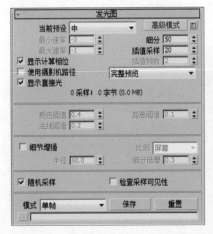 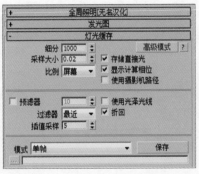

步骤 07 在"系统"卷展栏中设置相关参数，如下左图所示。

步骤 08 设置完成后保存文件，渲染摄影机视口，渲染出最终效果，如下右图所示。

9.6 效果图后期处理

本节主要介绍如何在Photoshop软件中进行后期处理，使得渲染图片更加精美、完善。从效果图中可以看到，场景效果明暗对比不强烈，整体色调有些偏冷色，这里就需要进行适当的调整，下面介绍其操作步骤：

步骤 01 在Photoshop中打开渲染好的"卧室.jpg"文件，如下左图所示。

步骤 02 执行"图像>调整>色彩平衡"命令，打开"色彩平衡"对话框，调整色阶参数，如下右图所示。

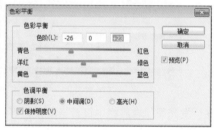

步骤 03 单击"确定"按钮关闭该对话框，观察效果，如下左图所示。

步骤 04 执行"图像>调整>色相/饱和度"命令，打开"色相/饱和度"对话框，调整效果图的整体饱和度，如下右图所示。

步骤 05 单击"确定"按钮，效果如下左图所示。

步骤 06 执行"图像>调整>亮度/对比度"命令，打开"亮度/对比度"对话框，调整对比度值，如下右图所示。

步骤 07 单击"确定"按钮，效果如下左图所示。

步骤 08 执行"图像>调整>曲线"命令，打开"曲线"对话框，添加控制点调整曲线，如下右图所示。

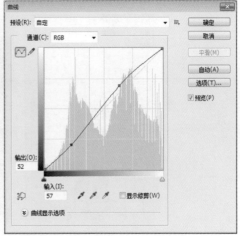

步骤 09 观察调整前后的效果对比，如下图所示。

Chapter 10 客厅场景的表现

本章概述

客厅是室内设计中重要的组成部分，客厅的摆设、颜色能反映主人的性格、眼光、个性等信息。客厅宜用浅色，让客人有耳目一新的感觉。本章将综合利用前面所学的知识，制作一个美观、大方的客厅效果图，并对客厅效果图的制作过程进行详细介绍。

核心知识点

❶ 摄影机的创建
❷ 材质的创建
❸ 灯光的设置
❹ 效果图的后期处理

10.1 摄影机的创建

下面将介绍如何创建摄影机并确定观察场景的角度，以及测试渲染的设置，其操作步骤如下：

步骤 01 执行"渲染>渲染设置"命令，打开"渲染设置"对话框，在V-Ray选项卡下的"全局开关"卷展栏中勾选"覆盖材质"复选框，添加"标准"材质，如下左图所示。

步骤 02 按F9键渲染透视视图，如下右图所示，检测模型是否有破面等，以便于进行调整。

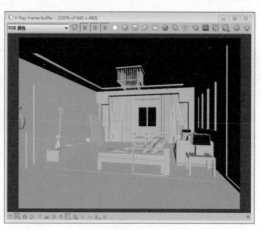

步骤 03 在顶视图中创建一架摄影机，调整摄影机高度和角度，并设置镜头为24mm，如下左图所示。

步骤 04 选择透视视口，在键盘上按C键进入摄影机视口，再按F9键进行渲染，如下右图所示。

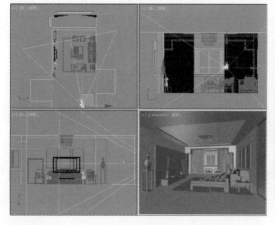
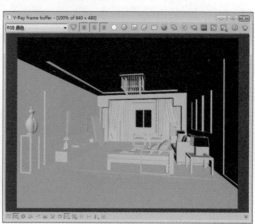

10.2 设置场景材质

本节主要讲述为客厅场景中的对象分别赋予材质的操作方法。材质的设置是制作效果图的关键之一，只有材质设置到位，才能表现出场景的真实性。

10.2.1 设置建筑主体材质

本节的建筑主体材质包括乳胶漆材质、壁纸材质、石材材质以及地板材质等，下面介绍具体的创建步骤：

步骤 01 首先设置乳胶漆材质，按M键打开材质编辑器，在材质球示例窗口中选择一个未使用的材质球，设置材质类型为VRayMtl，再设置漫反射颜色为白色，如下左和下中图所示。

步骤 02 设置漫反射颜色为白色，其余设置保持默认，材质球如下右图所示。

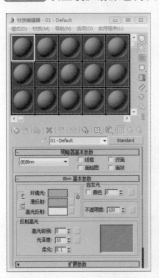  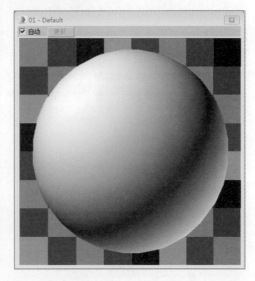

步骤 03 选择墙体模型，在修改命令面板中选择"多边形"层级，选择顶部多边形，在"编辑几何体"卷展栏中单击"分离"按钮，弹出"分离"对话框，如下左图所示。

步骤 04 单击"确定"按钮，即可将顶部与墙体模型分离开来，如下右图所示。

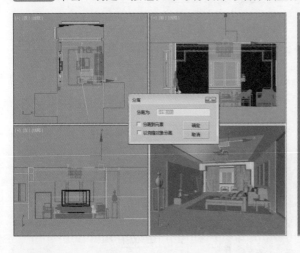 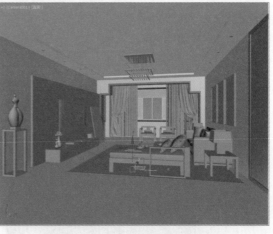

步骤 05 接着设置壁纸材质，在材质球示例窗中选择一个未使用的材质球，设置材质类型为VRayMtl，为漫反射通道添加衰减贴图，为凹凸通道添加位图贴图，如下左图所示。

步骤 06 进入衰减参数设置卷展栏，为衰减颜色通道添加位图贴图，并设置衰减类型，如下右图所示。

步骤 07 衰减颜色通道添加的位图贴图如下左图所示。

步骤 08 为凹凸通道添加的位图贴图如下右图所示。

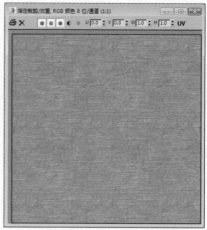

步骤 09 设置好的壁纸1材质球如下左图所示。

步骤 10 要设置壁纸材质，则在材质球示例窗中选择一个未使用的材质球，设置材质类型为VRayMtl，为漫反射通道添加衰减贴图，如下右图所示。

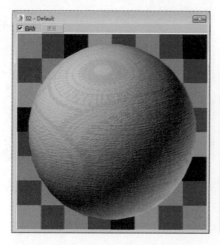

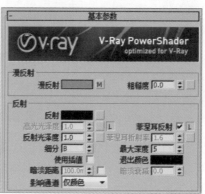

步骤 11 进入衰减参数设置卷展栏，为衰减1通道添加位图贴图，设置衰减2颜色，如下左图所示。

步骤 12 衰减颜色参数设置如下右图所示。

 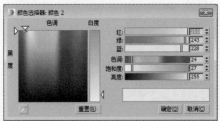

步骤 13 为衰减颜色通道添加的位图贴图如下左图所示。

步骤 14 将材质指定给场景中的墙面模型，效果如下右图所示。

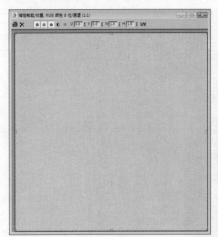 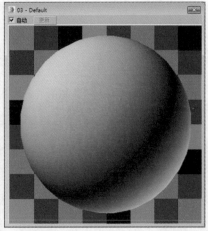

步骤 15 要设置石材材质，则在材质球示例窗中选择一个未使用的材质球，设置材质类型为VRayMtl，为漫反射通道添加位图贴图，设置反射颜色及参数，如下左图所示。

步骤 16 漫反射通道添加的位图贴图如下右图所示。

 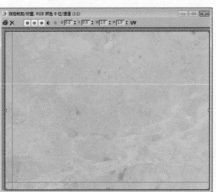

步骤 17 反射颜色参数设置如下左图所示。

步骤 18 设置好的石材材质球如下右图所示。

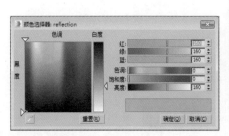

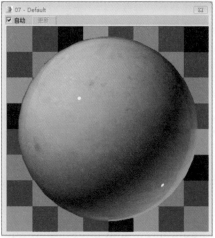

步骤19 将创建好的材质分别指定给场景中的电视背景墙、电视柜以及阳台门框模型，效果如下左图所示。

步骤20 最后设置木地板材质，在材质球示例窗中选择一个未使用的材质球，设置材质类型为VRayMtl，为漫反射通道和凹凸通道添加位图贴图，并设置凹凸值，如下右图所示。

步骤21 为漫反射通道和凹凸通道添加的位图贴图，效果分别如下图所示。

步骤 22 返回到基本参数卷展栏，设置反射颜色及参数，如下左图所示。

步骤 23 反射颜色参数设置如下右图所示。

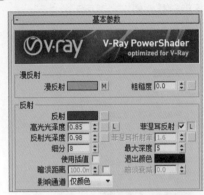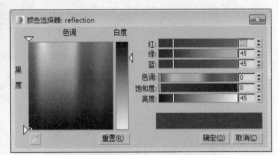

步骤 24 设置好的地板材质球如下左图所示。

步骤 25 将材质指定给场景中的地面模型，再添加UVW贴图，设置贴图参数，效果如下右图所示。

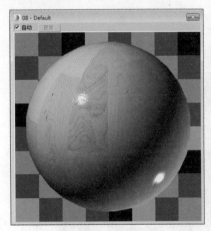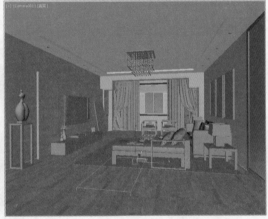

10.2.2 设置窗帘及窗户材质

阳台位置的窗户较多，因此，窗户材质与窗帘材质的设置也尤为重要，影响着室外光线的照射。下面将对其材质设置的操作过程进行介绍：

步骤 01 首先设置不透光窗帘材质，在材质球示例窗中选择一个未使用的材质球，设置材质类型为VRayMtl，为漫反射通道添加衰减贴图，并设置衰减类型，为衰减通道添加相同的位图贴图，如下左图所示。

步骤 02 位图贴图如下右图所示。

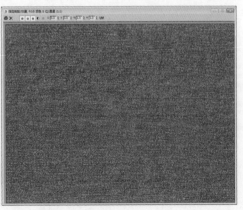

步骤 03 设置好的窗帘材质球如下左图所示。

步骤 04 接着设置半透明窗帘材质，在材质球示例窗中选择一个未使用的材质球，设置材质类型为VRayMtl，设置漫反射颜色为白色，为折射通道添加衰减贴图，并设置折射参数，如下右图所示。

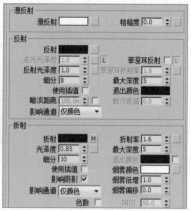

步骤 05 进入衰减参数设置卷展栏，设置衰减1颜色为白色，衰减2颜色为黑色，如下左图所示。

步骤 06 设置好的半透明窗帘材质球如下右图所示。

提示 "影响阴影"复选框的用途

在设置窗帘及玻璃的折射值时，要考虑到阴影的投射，勾选"影响阴影"复选框，可以显示阳光透过窗帘及玻璃的投影效果。

步骤 07 接着设置半透明窗帘材质，则在材质球示例窗中选择一个未使用的材质球，设置材质类型为VRay-Mtl，设置漫反射颜色，为反射通道添加衰减贴图，再设置反射参数，如下左图所示。

步骤 08 漫反射颜色参数设置如下右图所示。

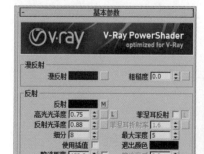
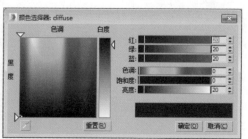

步骤 09 进入衰减参数设置卷展栏，设置衰减2颜色并设置衰减类型，如下左图所示。

步骤 10 衰减2颜色参数设置如下右图所示。

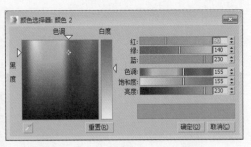

步骤 11 设置好的窗框材质球如下左图所示。

步骤 12 然后设置玻璃材质，在材质球示例窗中选择一个未使用的材质球，设置材质类型为VRayMtl，为反射通道添加衰减贴图并设置反射参数，再设置折射颜色为白色，勾选"影响阴影"复选框，如下右图所示。

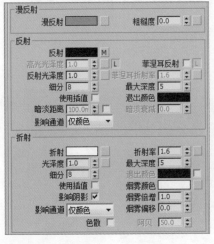

步骤 13 设置好的玻璃材质球如下左图所示。

步骤 14 将材质分别指定给场景中的窗帘、窗框及玻璃模型，效果如下右图所示。

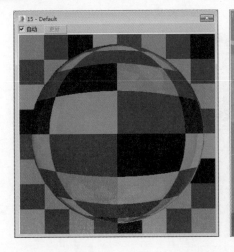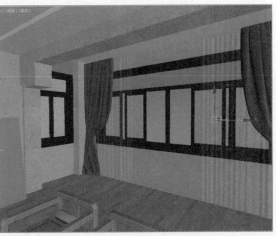

10.2.3 设置沙发组合材质

场景中的沙发组合包括木质、沙发布、地毯、抱枕、台灯、白瓷等材质，下面将对这些材质的创建过程进行介绍：

步骤01 首先设置木纹材质，在材质球示例窗中选择一个未使用的材质球，设置材质类型为VRayMtl，为漫反射通道和凹凸通道添加相同的位图贴图，为反射通道添加衰减贴图，如下左图所示。

步骤02 所添加的位图贴图如下右图所示。

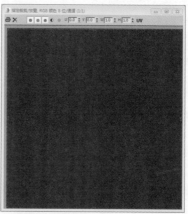

步骤03 进入衰减参数设置卷展栏，设置衰减类型，如下左图所示。

步骤04 返回到基本参数设置卷展栏，设置反射参数，如下右图所示。

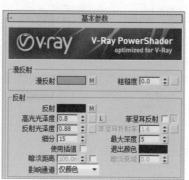

步骤05 设置好的材质球如下左图所示。

步骤06 将材质指定给场景中的沙发茶几等木框架模型，效果如下右图所示。

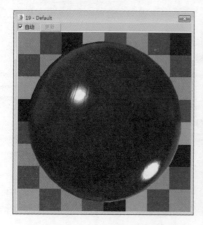

步骤 07 要设置沙发布材质，则在材质球示例窗中选择一个未使用的材质球，设置材质类型为VRayMtl，为漫反射通道添加位图贴图，为凹凸通道添加混合贴图，并设置凹凸值，如下左图所示。

步骤 08 为漫反射通道添加的位图贴图如下右图所示。

步骤 09 进入混合参数卷展栏，为颜色1和颜色2通道添加相同的位图贴图，并设置混合量，如下左图所示。

步骤 10 所添加的位图贴图如下右图所示。

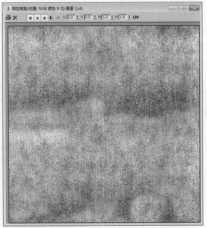

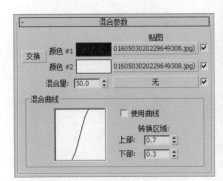

步骤 11 设置好的沙发布材质球如下左图所示。

步骤 12 按照同样的方法创建抱枕材质球，如下右图所示。

步骤13 位图贴图如下左图所示。

步骤14 将材质分别指定给场景中的沙发及抱枕模型，效果如下右图所示。

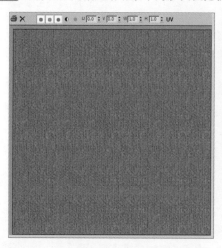

步骤15 接着设置茶盘材质，在材质球示例窗中选择一个未使用的材质球，设置材质类型为VRayMtl，为漫反射通道和凹凸通道添加位图贴图，为反射通道添加衰减贴图，如下左图所示。

步骤16 为漫反射通道和凹凸通道添加的位图贴图如下右图所示。

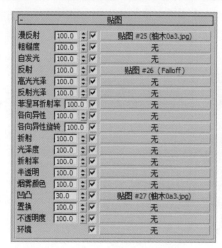

步骤17 进入衰减参数卷展栏，设置衰减类型，如下左图所示。

步骤18 返回到基本参数设置卷展栏，设置反射参数，如下右图所示。

步骤 19 设置好的茶盘材质球如下左图所示。

步骤 20 分别将材质指定给场景中的茶盘模型，效果如下右图所示。

步骤 21 要设置白瓷材质，则在材质球示例窗中选择一个未使用的材质球，设置材质类型为VRayMtl，设置漫反射颜色为白色，为反射通道添加衰减贴图并设置反射参数，如下左图所示。

步骤 22 进入衰减参数卷展栏，设置衰减类型，如下右图所示。

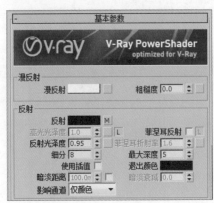 

步骤 23 设置好的白瓷材质球如下左图所示。

步骤 24 将材质指定给场景中的瓷器模型，效果如下右图所示。

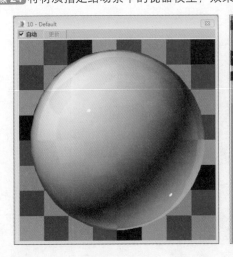 

步骤25 创建四个材质球，为漫反射通道添加位图，分别制作花朵、枝干、叶子、书本的材质，并将材质指定给花束以及书本模型，这里不做详细介绍，效果如下左图所示。

步骤26 最后设置地毯材质，在示例窗中选择一个未使用的材质球，设置材质类型为VRayMtl，为漫反射通道添加衰减贴图，为凹凸通道添加位图贴图并设置凹凸值，如下右图所示。

步骤27 进入衰减参数卷展栏，为衰减颜色通道添加位图贴图，设置衰减类型，如下左图所示。

步骤28 为衰减颜色通道添加的位图贴图如下右图所示。

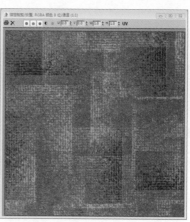

步骤29 为凹凸通道添加的位图贴图如下左图所示。

步骤30 设置好的地毯材质球如下右图所示。

步骤 31 将材质指定给场景中的地毯模型，效果如下图所示。

10.2.4 设置灯具材质

本场景中有吊灯和台灯两种灯具，下面将对其材质的制作过程进行介绍。

步骤 01 首先设置台灯灯罩材质，在材质球示例窗中选择一个未使用的材质球，设置材质类型为VRayMtl，设置漫反射颜色为白色，再设置折射颜色及折射参数，如下左图所示。

步骤 02 折射颜色参数设置如下右图所示。

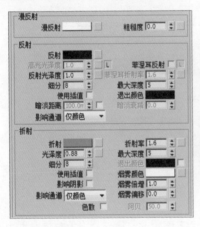 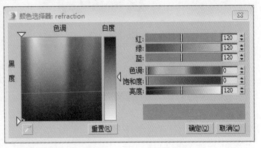

步骤 03 设置好的灯罩材质球如下左图所示。

步骤 04 将材质指定给台灯灯罩模型，如下右图所示。

 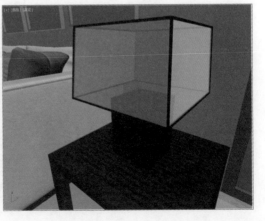

步骤 05 接着设置台灯灯罩材质，在材质球示例窗中选择一个未使用的材质球，设置材质类型为VRayMtl，设置漫反射颜色为黑色，设置反射颜色及反射参数，如下左图所示。

步骤 06 反射颜色参数设置如下右图所示。

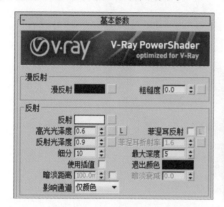 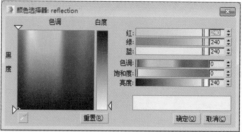

步骤 07 设置好的不锈钢材质球如下左图所示。

步骤 08 然后设置自发光材质，在材质球示例窗中选择一个未使用的材质球，设置材质类型为VR灯光材质，设置颜色强度，如下右图所示。

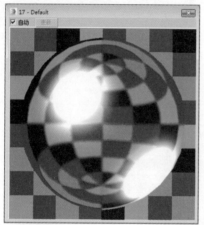 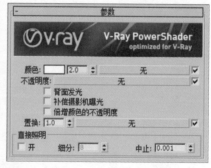

步骤 09 设置好的材质球如下左图所示。

步骤 10 最后设置台灯灯罩材质，在材质球示例窗中选择一个未使用的材质球，设置材质类型为VRayMtl，设置漫反射颜色与折射颜色为白色，再设置反射颜色、反射参数以及折射率，如下右图所示。

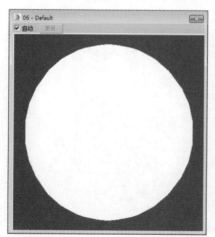 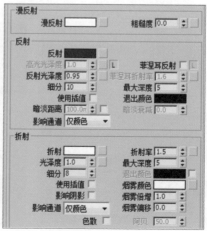

步骤 11 反射颜色参数设置如下左图所示。

步骤 12 设置好的水晶材质球如下右图所示。

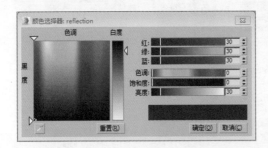 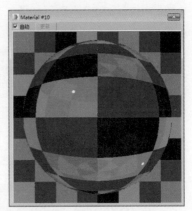

步骤 13 将材质指定给场景中的吊灯模型，效果如下图所示。

10.2.5 设置其他材质

在其他未赋予材质的模型中，有一些物品的材质是已创建完毕的，这里分别将其指定给相应的对象即可，如花瓶、画框、花瓶架子、电视柜等。另外还有屏风模型等材质未创建，这里进行详细介绍。

步骤 01 在材质球示例窗中选择未使用的材质球，设置材质类型为VRayMtl，为漫反射通道添加位图贴图，制作多个材质，并指定给场景中的装饰画、电视机屏、绿植等模型，如下左图所示。

步骤 02 在材质球示例窗中选择一个未使用的材质球，设置材质类型为混合材质，并且保留原有材质为子材质，设置材质1和材质2为VRayMtl，为遮罩材质添加位图贴图，并设置混合曲线参数，如下右图所示。

 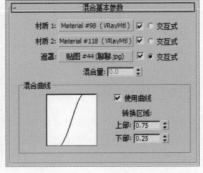

步骤 03 打开材质1参数卷展栏，设置漫反射颜色及反射颜色，如下左图所示。

步骤 04 漫反射颜色及反射颜色设置如下右图所示。

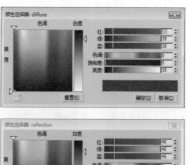

步骤 05 打开材质2参数卷展栏，设置漫反射颜色为纯白色，如下左图所示。

步骤 06 设置好的材质球效果如下右图所示。

步骤 07 将材质指定给场景中的屏风模型，效果如下图所示。

10.3　创建并设置光源

　　此场景为正午太阳光高照的情景，场景中拥有室内光源和户外光源两种光源来源。户外光源包括环境光源和太阳光源，室内光源包括吊灯、台灯、灯带和射灯光源。户外光源为主光源，设置完户外光源后，用户再根据需要添加室内辅助光源。

步骤 01 单击灯光创建命令面板中的"VR灯光"按钮，在前视口中创建一盏灯，并调整位置，如下左图所示。

步骤 02 调整灯光强度等参数，如下右图所示。

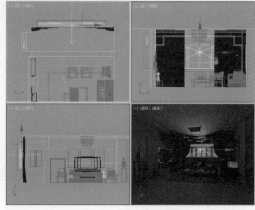

步骤 03 渲染摄影机视口，作为辅助光源，该灯光效果有些偏强，效果如下左图所示。

步骤 04 再次调整灯光强度及灯光颜色，如下右图所示。

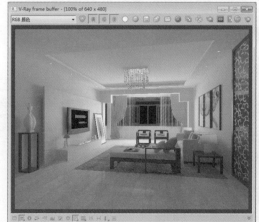

步骤 05 渲染摄影机视口，效果如下左图所示。

步骤 06 单击灯光创建命令面板中的"VR太阳"按钮，在左视口中创建VR太阳光，会弹出一个提示对话框，询问是否添加VR天空环境贴图，单击"否"按钮，如下右图所示。

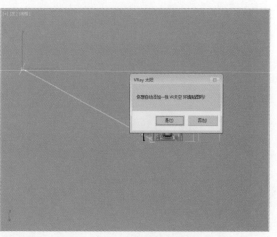

步骤 07 调整灯光位置及角度，设置参数，如下左图所示。

步骤 08 渲染摄影机视口，效果如下右图所示。

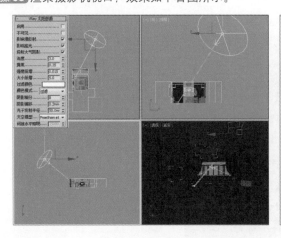 

步骤 09 从渲染效果中可以看到，由于没有添加天空环境贴图，场景的室外不甚明亮，在创建命令面板中单击"平面"按钮，在前视口中创建3500*8000的平面，调整至合适位置，如下左图所示。

步骤 10 按M键打开材质编辑器，选择一个空白材质球，设置为VR灯光材质，颜色强度设置为1.2，并为其添加天空贴图，其余设置为默认，如下右图所示。

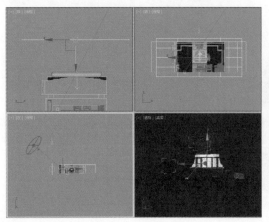 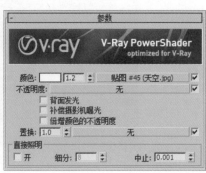

步骤 11 将材质赋予到对象，渲染摄影机视口，效果如下左图所示。

步骤 12 单击灯光创建命令面板中的"VR灯光"按钮，在前视口中创建一盏灯，调整位置及灯光参数，如下右图所示。

 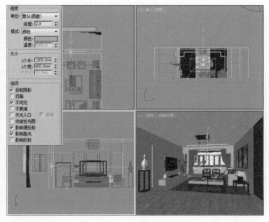

步骤 13 渲染摄影机视口，效果如下左图所示。

步骤 14 再创建VR灯光作为灯带光源，设置灯光参数，并将其移动到电视背景墙合适的位置，如下右图所示。

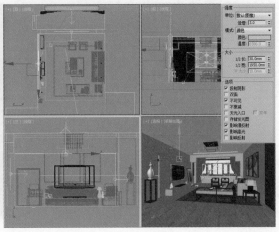

步骤 15 渲染摄影机视口，效果如下左图所示。

步骤 16 再创建另外两处灯带光源，灯光强度及颜色同上，大小及方向根据情况进行调整，如下右图所示。

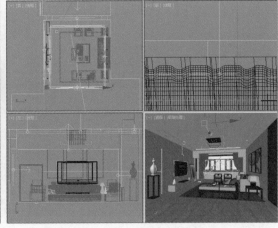

步骤 17 渲染摄影机视口，效果如下左图所示。

步骤 18 单击灯光创建命令面板中的VRay IES按钮，在左视口中创建一盏灯，如下右图所示。

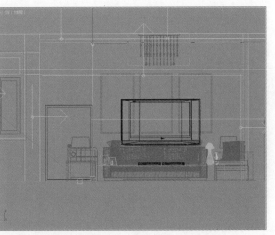

步骤 19 调整灯光位置及角度，为其添加光域网"窄光束射灯-渐变光斑"，设置功率为650，其余默认设置，渲染摄影机视口，如下左图所示。

步骤 20 复制多个VRay IES灯光，并调整灯光高度及角度等参数，如下右图所示。

步骤 21 渲染摄影机视口，效果如下左图所示。

步骤 22 单击灯光创建命令面板中的"VR灯光"按钮，在顶视口中创建一盏灯，设置灯光强度等参数，并调整位置，如下右图所示。

 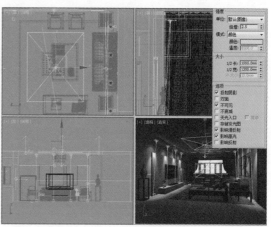

步骤 23 照此步骤再创建一个VR灯光，调整灯光强度等参数并调整其位置，如下左图所示。

步骤 24 渲染摄影机视口，如下右图所示。

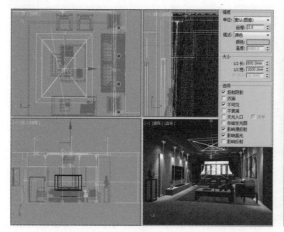 

步骤 25 单击灯光创建命令面板中的"VR灯光"按钮，在顶视口中创建一盏灯，设置类型为"球体"，再设置其他参数，调整到台灯位置，如下左图所示。

步骤 26 渲染摄影机视口，效果如下右图所示。

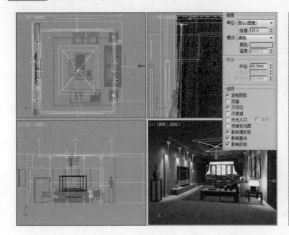

10.4 设置渲染参数并渲染

本节将介绍如何在渲染面板中设置渲染正图的参数。通常，在测试完成后，不再需要对场景中的对象进行调整时，才可设置正图的渲染参数并进行渲染。

步骤 01 执行"渲染 > 渲染设置"命令，打开"渲染设置"对话框，在"公用参数"卷展栏中设置输出大小，如下左图所示。

步骤 02 在"帧缓冲区"卷展栏中取消勾选"启用内置帧缓冲区"复选框，如下右图所示。

步骤 03 打开"图像采样器（抗锯齿）"卷展栏，设置图像采样器类型为自适应，设置过滤器类型为 Catmull-Rom，如下左图所示。

步骤 04 在"全局确定性蒙特卡洛"卷展栏中设置噪波阀值和最小采样值，在"颜色贴图"卷展栏中设置贴图类型为指数，如下右图所示。

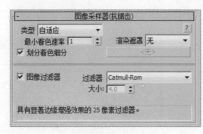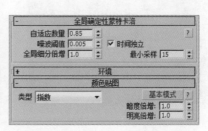

步骤05 在"发光图"卷展栏中设置当前预设等级为中，设置细分值及插值采样值，再设置灯光缓存细分值，勾选"显示直接光"复选框，如下左图所示。

步骤06 在"灯光缓存"卷展栏中设置细分值为1000，如下右图所示。

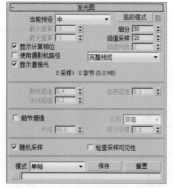
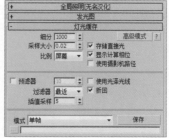

步骤07 在"系统"卷展栏中设置相关参数，如下左图所示。

步骤08 设置完成后保存文件，渲染摄影机视口，渲染出最终效果，如下右图所示。

10.5 效果图后期处理

本节主要介绍如何在Photoshop中进行后期处理，使得渲染图片更加精美、完善，下面将对其基本操作步骤进行介绍。

步骤01 在Photoshop中打开渲染好的"客厅.jpg"文件，如下左图所示。

步骤02 执行"图像>调整>亮度/对比度"命令，打开"亮度/对比度"对话框，调整亮度值，如下右图所示。

步骤 03 调整后的效果如下左图所示。

步骤 04 执行"图像>调整>色彩平衡"命令，打开"色彩平衡"对话框，调整色阶参数，如下右图所示。

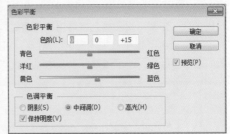

步骤 05 保存图片为JPG格式，至此完成图片的后期处理，效果如下左图所示。

步骤 06 执行"图像>调整>曲线"命令，打开"曲线"对话框，添加控制点调整曲线，如下右图所示。

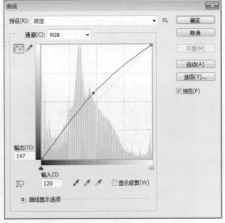

步骤 07 最终调整效果如下图所示。

本章概述

本章将综合利用前面所学知识，介绍餐厅效果图的制作方法。讲解重点是餐厅模型创建完成后，在3ds Max中打开创建好的场景模型，在此基础上进行摄影机、光源、材质的创建与渲染。通过本案例的学习，读者不仅可以加深对VRay灯光、VRay材质的理解与运用，还可以掌握更多的渲染技巧。

核心知识点

❶ 场景光源的创建
❷ 场景材质的设置
❸ 渲染参数的设置
❹ 效果后期处理

11.1 检测模型并创建摄影机

本节将介绍如何在3ds Max中打开并检测已经创建完成的场景模型，以及如何创建摄影机确定理想的观察角度。下面将对其具体操作步骤进行介绍：

步骤 01 执行"文件>打开"命令，打开名为"餐厅效果.max"的文件，创建完成的场景模型将3ds Max 2016中打开，如下左图所示。

步骤 02 首先要检查模型是否完整，接着单击工具栏中的渲染按钮进行渲染，效果如下右图所示。通过渲染出的图片来检测模型是否有破面，以便进行修整。

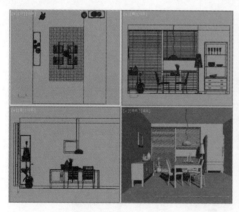

步骤 03 在摄影机创建命令面板中单击"目标"按钮，在顶视图中拖动创建一架摄影机，如下左图所示。

步骤 04 调整摄影机的角度及高度，并在右侧修改命令面板中设置摄影机的参数，如下右图所示。

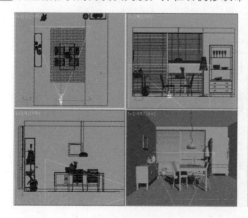
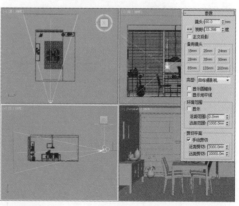

11.2 创建并设置光源

此场景为白天具有太阳光的情景。场景中的光源不多，包含户外环境光源和室内光源。户外光源包括环境光源和太阳光源，室内光源包括落地灯和吊灯。

11.2.1 创建户外环境光源

本节将介绍户外管径光源的设置，此场景中使用一盏光源作为环境光，放置于窗户外侧，这样从窗户处就能进户外光线。具体操作步骤如下：

步骤01 单击VRay灯光创建命令面板中的"VRay灯光"按钮，在前视口中创建一盏VRay灯光，并将光源移动到窗户外侧，如下左图所示。

步骤02 渲染摄影机视口，效果如下右图所示。

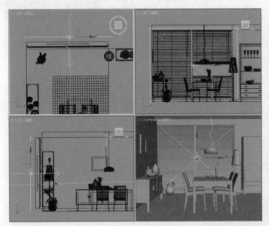 

步骤03 进入修改命令面板，设置倍增值及灯光颜色，再勾选其他相应的复选框，如下左图所示。

步骤04 渲染摄影机视口，效果如下右图所示。

11.2.2 创建太阳光源和天空光

在日光场景中太阳光和天空光是场景的主导光源，对场景的影响较大。本节主要介绍如何创建并调整太阳光源和天空光。具体操作步骤如下：

步骤01 创建太阳光源。单击VRay灯光创建命令面板中的"VR阳光"按钮，在左视口中创建一盏太阳光源，在创建太阳光源的同时不添加VRay天空环境贴图，调整太阳光位置及角度，如下左图所示。

步骤02 选择太阳光进入修改命令面板，设置太阳光的各项参数，如下右图所示。

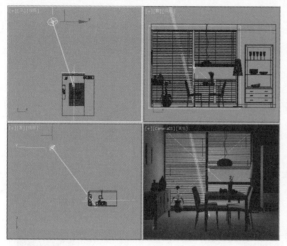
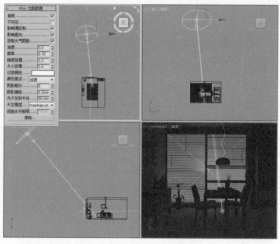

步骤 03 渲染摄影机视口，效果如下左图所示。

步骤 04 再次调整太阳光参数，并进行渲染，效果如下右图所示。

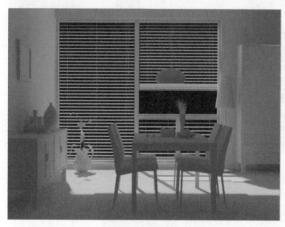

步骤 05 创建天空光源。打开"环境和效果"对话框，勾选"使用贴图"复选框，为环境背景添加"VR 天空"贴图，如下左和下中图所示。

步骤 06 将该贴图实例复制到材质编辑器中的空白材质球上，并进行参数的设置，如下右图所示。

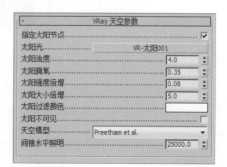

步骤 07 渲染摄影机视口，可以看到添加VR天空贴图后的户外光源，效果如右图所示。

11.2.3 创建室内吊灯光源

室内吊灯光源为室内的主要照明，室内灯光的具体创建过程如下：

步骤 01 单击VRay灯光创建命令面板中的"VRay灯光"按钮，设置灯光类型为"球体"，在顶视口中创建一盏VRay灯光，调整位置，如下左图所示。

步骤 02 选择灯光进入修改命令面板，设置灯光强度及半径参数，如下右图所示。

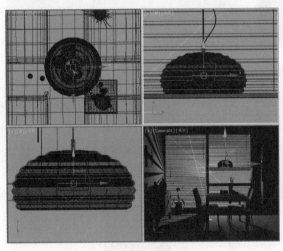
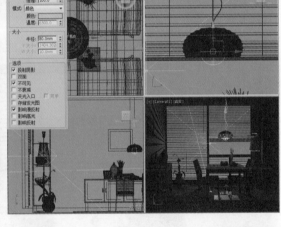

步骤 03 渲染摄影机视口，可以看到吊灯产生的黄色光线，效果如右图所示。

11.2.4 创建室内落地灯光源

场景中的落地灯光源为辅助光源，比较靠近窗户，在室外光源的影响下，照明作用不是很强。该光源的具体创建步骤如下：

步骤01 单击光度学灯光创建命令面板中的"目标灯光"按钮，在前视口中创建一盏目标灯光，调整灯光位置，如下左图所示。

步骤02 选择灯光进入修改命令面板，设置灯光分布类型为"光度学Web"，设置灯光阴影、颜色、强度等参数，如下右图所示。

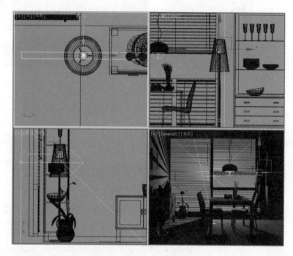

步骤03 渲染摄影机视口，可以看到由落地灯产生的照明并不明显，如下图所示。

11.2.5 创建室内辅助光源

由于场景中的照明光源很少，场景效果稍显偏暗，这里我们添加一盏辅助的VR灯光来提亮场景效果。该光源的具体创建步骤如下：

步骤01 单击VRay灯光创建命令面板中的"VRay灯光"按钮，在顶视口中创建一盏VRay灯光，并将光源移动到合适位置，如下左图所示。

步骤02 选择灯光进入修改命令面板，设置灯光颜色、强度等参数，如下右图所示。

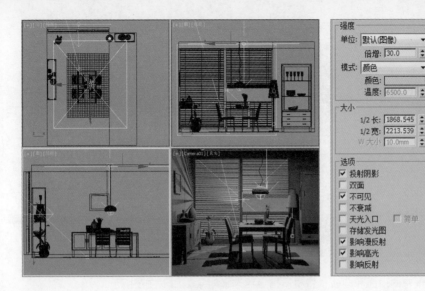

步骤 03 渲染摄影机视口，可以看到室内环境因辅助灯光变得稍微明亮且偏黄，效果如下左图所示。

步骤 04 再次对灯光参数进行调整，渲染摄影机视口，效果如下右图所示。可以看到场景已经比较明亮。

11.3　设置并赋予材质

本节将介绍如何为场景中的所有对象分别设置材质，材质的设置是制作效果图的关键之一。只有设置符合现实的材质，才能表现出场景的真实性。

11.3.1　设置墙体、顶面及地面材质

本场景中的墙面和顶面使用了白色乳胶漆，地面材质为仿古青石砖。下面将介绍具体操作步骤：

步骤 01 为了便于观察场景，可以将场景中创建的灯光、摄影机、二维样条线进行隐藏。进入显示命令面板，在"按类别隐藏"卷展栏中勾选"图形"、"灯光"及"摄影机"复选框，则场景中此类物体将会被隐藏，如下左图所示。

步骤 02 创建名为"白色乳胶漆"的VRayMtl材质，设置漫反射颜色为白色（色调：0；饱和度：0；亮度：250），反射颜色为灰色（色调：0；饱和度：0；亮度：25），并设置反射光泽度，如下右图所示。

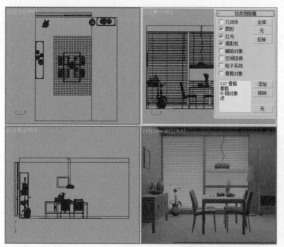
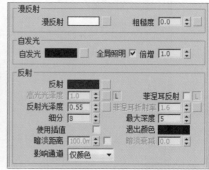

步骤 03 选择场景中的顶面和墙面，将材质指定给选择对象，如下左图所示。

步骤 04 渲染摄影机视口，效果如下右图所示。

步骤 05 创建名为"地砖"的VRayMtl材质球，设置反射颜色为灰色（色调：0；饱和度：0；亮度：60），并设置反射光泽度，如下左图所示。

步骤 06 打开"贴图"卷展栏，为漫反射通道和凹凸通道分别添加位图贴图，设置凹凸值为50，如下右图所示。

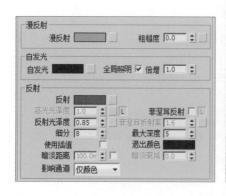

步骤07 选择场景中的地面，将材质指定给选择对象，在材质编辑器中单击"视口中显示明暗处理材质"按钮，则场景中的地面会显示出材质效果，如下左图所示。

步骤08 打开修改器列表，为其添加UW贴图，并设置相关参数，如下右图所示。

步骤09 渲染摄影机视口，效果如下左图所示。

步骤10 创建名为"地毯"的VRayMtl材质球，打开"贴图"卷展栏，为漫反射通道添加衰减贴图，并复制到凹凸贴图，设置凹凸值，如下右图所示。

贴图			
漫反射	100.0		贴图 #6 (Falloff)
粗糙度	100.0		无
自发光	100.0		无
反射	100.0		无
高光光泽	100.0		无
反射光泽	100.0		无
菲望耳折射率	100.0		无
各向异性	100.0		无
各向异性旋转	100.0		无
折射	100.0		无
光泽度	100.0		无
折射率	100.0		无
半透明	100.0		无
烟雾颜色	100.0		无
凹凸	50.0		贴图 #6 (Falloff)
置换	100.0		无

步骤11 打开"漫反射贴图"面板，在"衰减参数"卷展栏中为其添加位图贴图，设置衰减类型为Fresnel，如下左图所示。

步骤12 选中地毯，在VRay创建命令面板中单击"VR毛皮"按钮，如下右图所示。

步骤 13 在场景中即可看到为地毯添加了VR皮毛的效果，设置参数，如下左图所示。

步骤 14 选择场景中的地毯，将地毯材质指定给选择对象，渲染摄影机视口，即可看到添加贴图的地毯效果，如下右图所示。

11.3.2 设置家具材质

场景中的家具包括餐桌椅、高柜和矮柜，材质包括木质、不锈钢、磨砂玻璃以及沙发布几种，下面来介绍如何创建这几种材质，其具体的操作步骤如下：

步骤 01 创建名为"木纹"的VRayMtl材质球，设置反射颜色为灰色（色调：0；饱和度：0；亮度：20），设置反射光泽度，如下左图所示。

步骤 02 打开"贴图"卷展栏，为漫反射通道及凹凸通道添加位图贴图，如下右图所示。

步骤 03 选择场景中的家具，将木纹材质指定给选择对象，渲染摄影机视口，即可看到添加贴图的家具效果，如下左图所示。

步骤 04 创建名为"不锈钢"的VRayMtl材质球，设置漫反射颜色为白色，反射颜色为灰白色（色调：0；饱和度：0；亮度：20），设置反射光泽度，如下右图所示。

步骤 05 选择场景中的物体，将不锈钢材质指定给选择对象，渲染摄影机视口，效果如下左图所示。

步骤 06 创建名为"沙发布"的VRayMtl材质球，为漫反射通道添加衰减贴图，设置衰减类型为Fresnel，并设置衰减颜色，如下右图所示。

步骤 07 选择场景中的物体，将沙发布材质指定给选择对象，渲染摄影机视口，效果如下图所示。

11.3.3 设置装饰品材质

本场景中有多种装饰品，包括花瓶、瓷器、水果、装饰画等，下面将对这些饰品的材质创建操作进行介绍：

步骤 01 创建名为"白瓷"的VRayMtl材质球，设置漫反射颜色为白色，并为反射通道添加衰减贴图，设置反射光泽度，如下左图所示。

步骤 02 选择场景中的物体，将白瓷材质指定给选择对象，渲染摄影机视口，效果如下右图所示。

步骤03 同样创建其他颜色瓷器材质，并指定给对象，渲染摄影机视口，如下左图所示。

步骤04 创建名为"装饰画"的VRayMtl材质球，为漫反射通道添加位图贴图，其余参数默认，如下右图所示。

步骤05 选择场景中的物体，将装饰画材质指定给选择对象，渲染摄影机视口，效果如下左图所示。

步骤06 同样创建植物、水果的材质球，并将材质指定给物体对象，渲染摄影机视口，效果如下右图所示。

11.3.4 设置灯具材质

本场景中包含吊灯及落地灯两种灯具，在设置灯具材质时，应该先设置灯具的灯罩材质，使灯具的灯光效果会更加真实，场景整体光源也更加完善，下面介绍其操作步骤：

步骤01 创建名为"灯罩"的VRayMtl材质球，设置漫反射颜色为白色（色调：0；饱和度：0；高光：240），折射颜色为灰色（色调：0；饱和度：0；高光：45），再勾选"影响阴影"复选框，如下左图所示。

步骤02 选择场景中的物体，将灯罩材质指定给选择对象，渲染摄影机视口，效果如下右图所示。

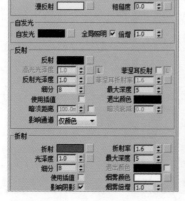 

11.4 设置渲染参数并渲染

本节将介绍如何在渲染面板设置渲染正图的参数。通常是在测试完成后，不再需要对场景中的对象进行调整，才可以设置正图的渲染参数，进行正图的渲染。下面介绍其操作步骤：

步骤 01 执行"渲染 > 渲染设置"命令，打开"渲染设置"对话框，在"公用"面板中的"公用参数"卷展栏中设置输出大小，如下左图所示。

步骤 02 切换到V-Ray面板，在"帧缓冲区"卷展栏中勾选"从MAX中获取分辨率"复选框，这样渲染时将使用VRay自带的渲染帧，如下右图所示。

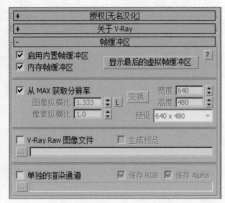

步骤 03 打开"图像采样器"卷展栏，设置图像采样器类型为"自适应细分"，开启抗锯齿过滤器，设置类型为Mitchell-Netravali，如下左图所示。

步骤 04 切换到"间接照明"面板，打开"发光图"卷展栏，设置当前预置等级为"中"，半球细分值为50，插值采样值为30，如下右图所示。

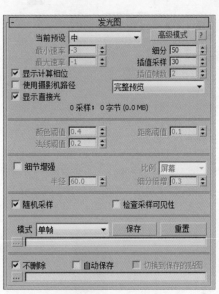

步骤 05 打开"灯光缓存"卷展栏，设置细分值为1000，如下左图所示。

步骤 06 设置完成后保存文件，渲染摄影机视口，渲染出最终效果如下右图所示。

11.5 效果图的后期处理

本节主要介绍如何在Photoshop中进行后期处理，使得渲染图片更加的精美、完善，下面介绍其操作步骤：

步骤 01 在Photoshop中打开渲染好的"餐厅.jpg"文件，单击图层面板下方的 按钮，在弹出的菜单中选择"色阶"命令，创建色阶图层，按照下左图所示进行色阶参数的调整。

步骤 02 单击 按钮，创建曲线图层，按照下右图所示创建并调整画面亮度。

步骤 03 单击 按钮，创建色彩平衡图层，在打开的"色彩平衡"面板中分别对"中间调"与"高光"进行参数设置，如下左图所示。

步骤 04 单击 按钮，创建亮度/对比度图层，拖动滑块调整亮度及对比度，如下右图所示。

步骤 05 单击 ◢. 按钮，创建色相/饱和度图层，设置色彩的参数，如下左图所示。

步骤 06 单击 ◢. 按钮，创建照片滤镜图层，为画面添加蓝色滤镜，如下右图所示。

步骤 07 执行"图层＞拼合图像"命令，将所有的图层拼合，接着执行"滤镜＞锐化＞USM锐化"命令，在打开的"USM锐化"对话框中设置数量值，如下左图所示。

步骤 08 单击"确定"按钮即可完成效果图的后期处理，如下右图所示。

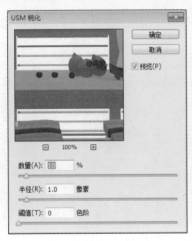

Chapter 12 办公大厅场景的表现

本章概述

本案例讲述的是一个日光场景的制作过程，包括摄影机、材质、室内外光源的创建和渲染参数设置，以及对效果图的后期处理，其目的就是让读者对此类效果图的制作流程有一个整体的把握。通过本案例的学习，读者可以掌握室外阳光的设置方法、筒灯光源的创建以及灯带光源的创建等知识。

核心知识点

❶ 主要材质的设置
❷ 场景灯光的设置
❸ 渲染参数的设置
❹ 后期处理

12.1 创建摄影机

本场景的模型及材质是制作好的，然后需要进行摄影机的创建，以便于后面的操作。摄影机的架设是效果图制作中很关键的一步，这关系到效果图制作过程后场景的观察以及最后效果图的美感。

步骤 01 打开场景文件，如下左图所示。

步骤 02 在顶视图中创建一盏目标摄影机，如下右图所示。

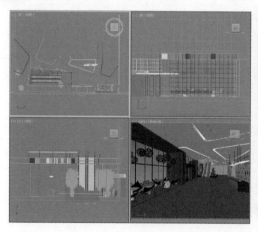 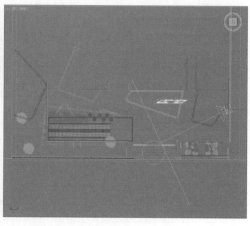

步骤 03 设置摄影机参数，再调整摄影机角度及位置，如下左图所示。

步骤 04 调整摄影机镜头，再开启手动剪切，设置近距剪切和远距剪切值，如下右图所示。

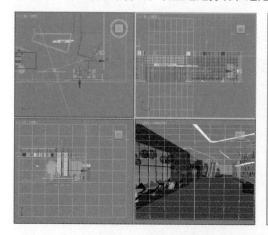

基本参数	
类型	照相机
目标	✔
胶片规格(mm)	36.0
焦距(mm)	20.0
视野	83.893
缩放因子	1.0
水平移动	0.0
垂直移动	0.0
光圈数	8.0
目标距离	13671.4
垂直倾斜	0.0
水平倾斜	0.0
自动猜测垂直倾斜	
清测垂直倾斜	清测水平倾斜

12.2 设置主要材质

材质的表现是模型中重要的环节，其通过光源表现质感，同时也可表现光线照射到物体上的效果。日光场景中，表现最为突出的就是地砖材质、木纹理材质以及休闲座椅材质，在阳光照射下质感非常强烈，本节对几个主要材质的设置进行介绍：

步骤 01 设置乳胶漆材质。按M键打开材质编辑器，选择一个空白材质球，设置为VRayMtl材质，设置漫反射颜色为白色，其余参数保持默认，如下左图所示。

步骤 02 设置好的乳胶漆材质球如下右图所示。

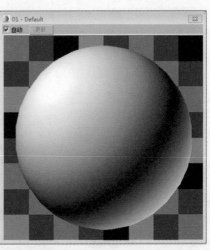

步骤 03 设置地砖材质。选择一个空白材质球，设置为VRayMtl材质，为漫反射通道添加位图贴图，设置反射颜色及反射参数，如下左图所示。

步骤 04 为漫反射通道添加的位图贴图，如下右图所示。

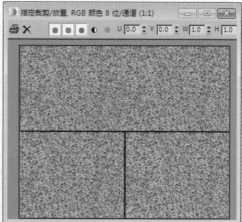

步骤 05 反射颜色参数设置如下左图所示。

步骤 06 设置好的地砖材质球如下右图所示。

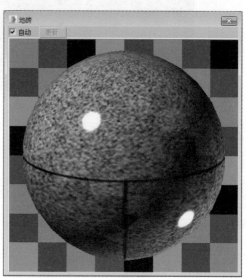

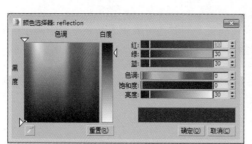

步骤 07 设置木纹理材质。选择一个空白材质球，设置为VRayMtl材质，为漫反射通道添加位图贴图，设置反射颜色及反射参数，如下左图所示。

步骤 08 为漫反射通道添加的位图贴图如下右图所示。

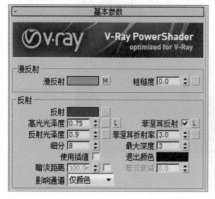

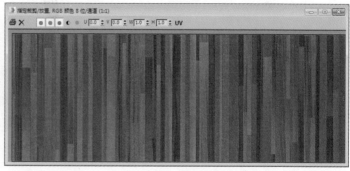

步骤09 反射颜色参数如下左图所示。

步骤10 设置好的木纹理材质球如下右图所示。

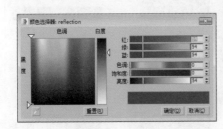

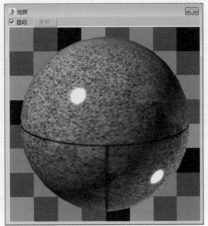

步骤11 设置窗框不锈钢材质。选择一个空白材质球，设置为VRayMtl材质，设置漫反射颜色和反射颜色，再设置反射参数，如下左图所示。

步骤12 漫反射颜色及反射颜色参数设置如下右图所示。

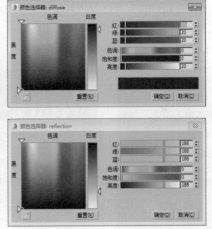

步骤13 在"双向反射分布函数"卷展栏中设置各向异性参数及旋转参数，如下左图所示。

步骤14 设置好的不锈钢材质球如下右图所示。

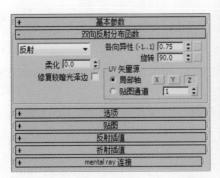

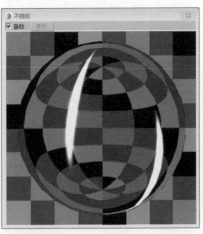

办公大厅场景的表现

185

步骤 15 设置黑色塑料材质。选择一个空白材质球，设置为VRayMtl材质，设置漫反射颜色及反射颜色，再设置反射参数，如下左图所示。

步骤 16 漫反射颜色和反射颜色设置如下右图所示。

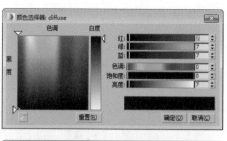

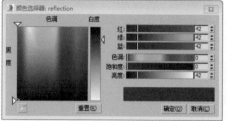

步骤 17 设置好的黑色塑料材质球如下左图所示。

步骤 18 设置白色塑料材质。选择一个空白材质球，设置为VRayMtl材质，设置漫反射颜色和反射颜色都为白色，再设置反射参数，如下中图所示。

步骤 19 设置好的白色塑料材质球如下右图所示。

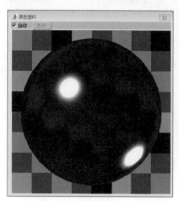

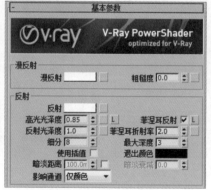

12.3 设置场景灯光

本场景要表现的是上午日光照射的效果，在落地窗的影响下，室内受太阳光和天光影响较大，室内的筒灯和壁灯仅起到辅助作用。

12.3.1 设置室外场景及阳光光源

太阳光源是本场景中的主要光源来源，这里利用目标平行光来表现太阳效果，具体操作步骤如下：

步骤 01 在顶视图中绘制一条弧线，如下左图所示。

步骤 02 将其转换为可编辑样条线，进入"样条线"子层级，设置轮廓值为50，如下右图所示。

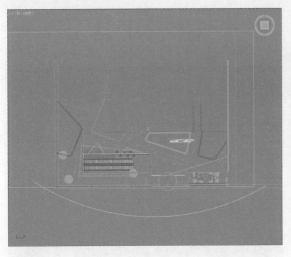
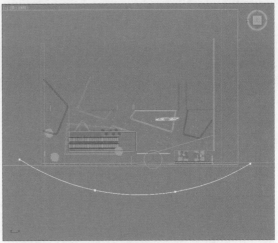

步骤 03 为其添加挤出修改器，设置挤出值为15000，调整模型位置，如下左图所示。

步骤 04 按M键打开材质编辑器，选择一个空白材质球，设置为VR灯光材质，设置颜色值为2，再添加位图贴图，如下右图所示。

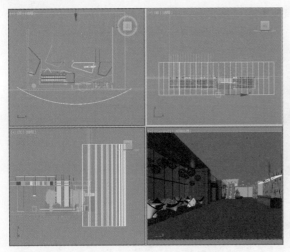
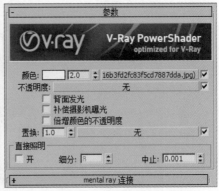

步骤 05 添加的位图贴图如下左图所示。

步骤 06 设置好的自发光材质如下右图所示。

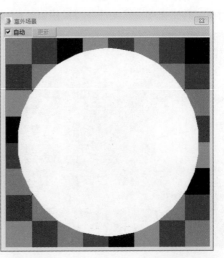

步骤 07 将材质指定给刚才创建的模型，如下图所示。

步骤 08 渲染场景，效果如下右图所示。

步骤 09 在顶视图中创建一盏目标平行光，调整灯光角度及位置，如下左图所示。

步骤 10 开启VR阴影，设置平行光参数，如下右图所示。

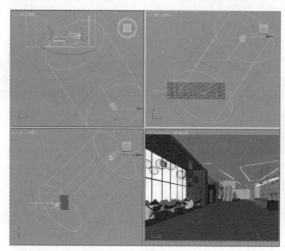

步骤 11 渲染场景，效果如下左图所示。

步骤 12 调整灯光强度，灯光颜色以及阴影参数，如下右图所示。

步骤 13 渲染场景，调整灯光颜色，颜色参数，如下左图所示。

步骤 14 渲染场景，效果如下右图所示，受到室外淡黄色的阳光影响，室内场景也被染成淡淡的黄色。

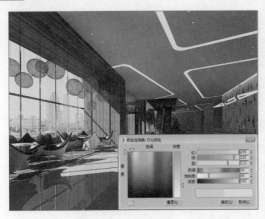

12.3.2 设置天光

本场景中有较多的落地窗，天光对场景的影响也很大，这里利用浅蓝色的VR灯光来模拟天光光源效果。操作步骤如下：

步骤 01 在前视图中创建一盏VR灯光，如下左图所示。

步骤 02 调整灯光位置，如下右图所示。

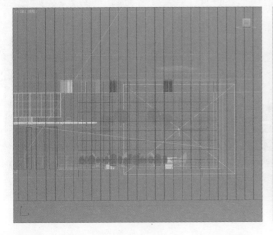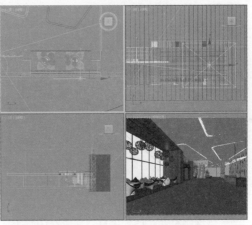

步骤 03 调整灯光尺寸及选项参数，如下左图所示。

步骤 04 渲染场景，效果如下右图所示。可见场景出现曝光现象。

步骤 05 调整灯光强度，如下左图所示。

步骤 06 渲染场景，效果如下右图。

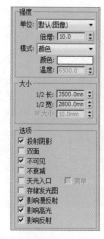

步骤 07 调整灯光颜色为浅蓝色，再设置采样细分值为15，如下左图所示。

步骤 08 渲染场景，可以看到场景淡蓝色的天光冲淡了浅黄色的太阳光，场景表现出浅蓝色的色调，如下右图所示。

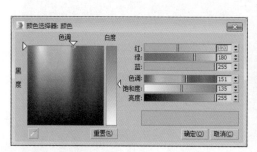

步骤 09 实例复制灯光，调整位置，如下左图所示。

步骤 10 渲染场景，效果如下右图所示。

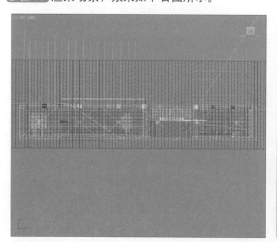

12.3.3 设置筒灯光源

　　室外太阳光源和天光的影响较大，虚弱了室内光源的影响。这里的筒灯光源设置为暖黄色，可以中和蓝色的室外天光，下面介绍操作过程：

步骤01 在顶视图中创建目标灯光，调整到合适的位置，如下左图所示。

步骤02 开启VR阴影，设置灯光分布类型为"光度学Web"并添加光域网，如下右图所示。

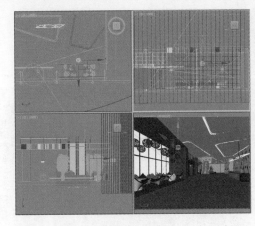

步骤03 复制灯光，并调整灯光高度，如下左图所示。

步骤04 渲染场景，如下右图所示。可以看到场景亮度并未增加很多。

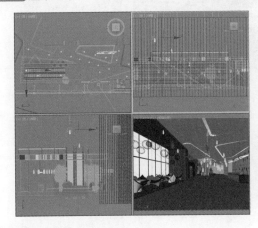

步骤05 调整灯光强度以及灯光颜色，如下左图所示。

步骤06 灯光颜色参数设置如下中右图所示。

步骤07 再次渲染场景，效果如下右图所示。

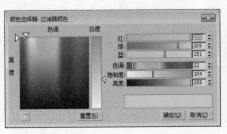

12.3.4　设置接待台光源

接待台光源是场景中需要被稍微提亮的一处，包括吊灯光源和接待台的灯带光源效果，其作用仅为点缀，具体操作步骤介绍如下：

步骤 01 在顶视图中创建一盏VR灯光，调整灯光位置，如下左图所示。

步骤 02 设置灯光大小，在"选项"区域勾选相应复选框，如下右图所示。

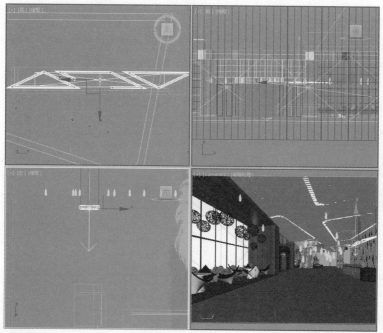
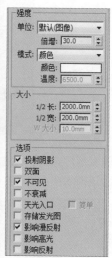

步骤 03 渲染场景，效果如下左图所示。

步骤 04 调整灯光强度及采样细分值，如下右图所示。

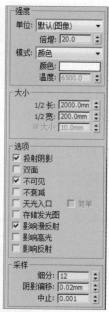

步骤 05 再次渲染场景，效果如下左图所示。

步骤 06 下面制作接待台中的灯带光源。继续创建VR灯光，调整到合适位置，如下右图所示。

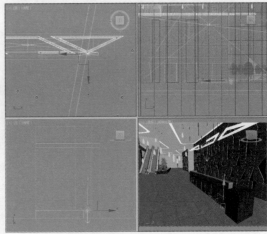

步骤 07 复制灯光，如下左图所示。

步骤 08 渲染场景，效果如下右图所示。

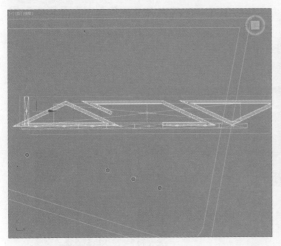

步骤 09 调整灯光强度及灯光颜色，如下左图所示。

步骤 10 灯光颜色参数如下右图所示。

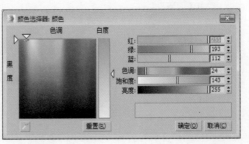

步骤 11 再次渲染场景，效果如下图所示。

12.3.5 设置壁灯光源

场景中的壁灯可见的只有三处，这是与其他光源不太相同的光源，其光源强度较高，但是影响范围很小，且光源颜色浓烈。下面介绍具体的设置步骤：

步骤 01 创建球形VR灯光，移动到壁灯位置，如下左图所示。

步骤 02 渲染场景，效果如下右图所示。

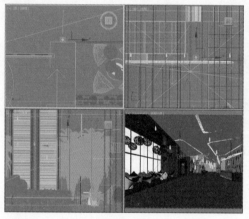

步骤 03 调整灯光强度及颜色，如下左图所示。

步骤 04 灯光颜色参数设置如下右图所示。

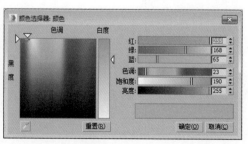

步骤 05 渲染场景，壁灯光源效果如下左图所示。

步骤 06 复制灯光，再次渲染场景，效果如下右图所示。

12.3.6　添加补光

　　场景中的对象是大小不一样的，这样会导致一些高度较低的物体接受不到主光源发出的光线，在主光源下添加一个补充光源则很好地解决了这一照明不足的问题。操作步骤如下：

步骤 01 在顶视图中创建一盏VR灯光，调整灯光尺寸，再调整灯光位置，如下左图所示。

步骤 02 实例复制灯光，调整到合适位置，如下右图所示。

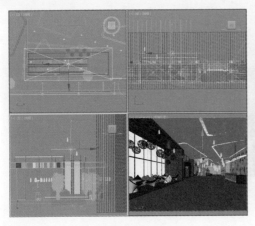 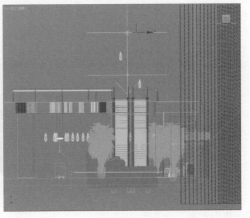

步骤 03 调整灯光强度，再设置灯光颜色，如下左图所示。

步骤 04 灯光颜色参数设置如下右图所示。

 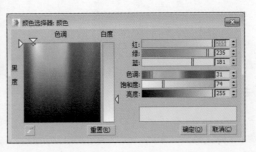

步骤 05 渲染场景，效果如下左图所示。

步骤 06 在顶视图中创建VR灯光，调整灯光位置，如下右图所示。

 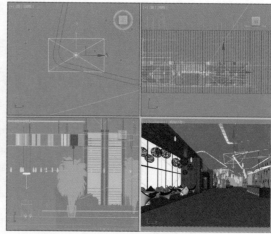

步骤 07 调整灯光强度及颜色，如下左图所示。

步骤 08 灯光颜色参数设置如下右图所示。

 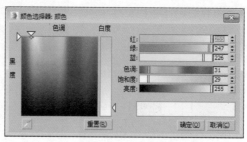

步骤 09 复制灯光，如下左图所示。

步骤 10 再进行场景渲染，效果如下右图所示。

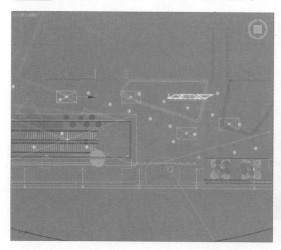 

12.4 渲染设置

场景中的灯光环境已经全部布置完毕，下面就可以对灯光效果进行测试渲染，对不满意的灯光进行调整。最后进行高品质效果的渲染。

12.4.1 测试渲染

在测试渲染时，可以将渲染设置面板中的参数设置的低一些，快速观察渲染效果。

步骤 01 按F10打开渲染设置面板，设置输出尺寸大小，如下左图所示。

步骤 02 在"帧缓冲区"卷展栏下取消勾选"启用内置帧缓冲区"复选框，如下右图所示。

步骤 03 在"图像采样器"卷展栏中设置抗锯齿类型及过滤器类型，在"颜色贴图"卷展栏下设置颜色贴图类型为指数，如下左图所示。

步骤 04 开启全局照明，设置二次引擎为灯光缓存，如下右图所示。

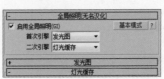

步骤 05 在"发光图"卷展栏下设置预设等级为低，再设置细分值为20，勾选"显示计算相位"和"显示直接光"复选项，如下左图所示。

步骤 06 在"灯光缓存"卷展栏中设置细分值为400，其余参数保持默认，如下右图所示。

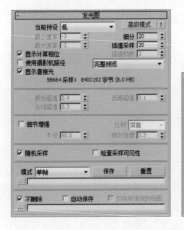

步骤 07 在"系统"卷展栏下设置渲染块宽度、序列方式及动态内存限制值,如下左图所示。

步骤 08 渲染场景,测试效果如下右图所示。测试效果中可以看到,效果图中有较大的颗粒,场景物体缺乏质感。

12.4.2 高品质效果渲染

测试渲染效果满意以后,就可以着手进行最终效果的渲染了。用户可根据自身电脑的配置情况进行参数设置,以得到最佳渲染效果且节省时间。具体操作步骤如下:

步骤 01 重新设置图像输出尺寸,如下左图所示。

步骤 02 在"全局确定性蒙特卡洛"卷展栏中设置噪波阀值及最小采样,再勾选"时间独立"复选框,如下右图所示。

步骤 03 在"发光图"卷展栏中设置当前预设级别及细分值等,如下左图所示。

步骤 04 在"灯光缓冲"卷展栏中设置细分值,如下右图所示。

步骤 05 最后再"系统"卷展栏下设置渲染块宽度和动态内存限制值,如下左图所示。

步骤 06 重新渲染场景,效果如下右图所示。

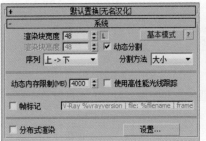

12.5　效果图的后期处理

　　通过上面的制作,已经得到了成品图。由于受环境色的影响,图像的色彩不够鲜明,整体偏灰暗,这里就需要利用Photoshop软件对其进行调整。操作步骤如下:

步骤 01 在Photoshop软件中打开效果图文件,如下左图所示。

步骤 02 可以看到整体场景偏暗,亮度不够,暗部看不见,这里需要调整明暗对比。执行"图像>调整>亮度/对比度"命令,打开"亮度/对比度"对话框,调整对比度参数,如下右图所示。

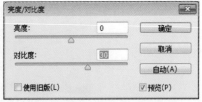

步骤 03 调整后效果如下左图所示。

步骤 04 整体场景仍然偏暗,再执行"图像>调整>曲线"命令,打开"曲线"对话框,调整曲线形状,如下右图所示。

 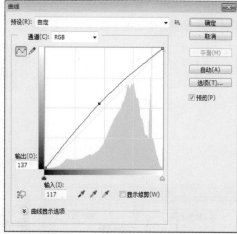

步骤 05 调整后效果如下左图所示。

步骤 06 最后要利用笔刷工具为效果添彩。选择画笔工具，设置合适的笔刷图形，如下右图所示。

步骤 07 调整笔刷大小并设置前景色为白色，在画面中单击添加图案，完成效果图的后期制作并将文件保存，最终效果如下图所示。